人与猪文化经济

吃苦厚道团队奉献

大耳贵富宽厚人生

张全生　著

中国农业出版社

北　京

作者简介

张全生，男，1958年生，贵州人，仡佬族，中共党员，研究员。毕业于贵州农学院畜牧专业，三十多年一直从事畜牧技术研究和技术推广工作，曾先后担任重庆种畜场场长，重庆农投肉食品有限公司总畜牧师，中国畜牧兽医学会养猪分会常务理事，重庆畜牧兽医学会理事，重庆遗传学会理事，重庆肉类协会会长，重庆市综合评标专家，重庆农投肉食品有限公司博士后科研工作站顾问，国家生猪产业技术体系重庆综合试验站站长等职务，一生与猪结下了不解之缘。

长期从事畜牧业科研技术推广工作，主持过多个猪业相关的科技项目；培训畜牧业干部、技术员、农民若干人次；发表论文40余篇；主编《国家现代生猪产业技术体系重庆综合试验站论文集》《现代规模养猪》《三峡库区养猪实用技术问答》等多部著作。被中国畜牧学会养猪分会评为"科技推广优秀专家"。

　　民以食为天，猪粮安天下，猪与人类生活休戚相关。此书的出版，助推猪业发展，为满足人民日益增长的美好生活需要而努力。

国家生猪产业技术体系首席科学家　

序

当我看到张全生所著《人与猪文化经济》书稿时，我为之一震。我立刻想到"高手在民间"这样几句话。为什么这样说呢？因为，张全生先生是一位扎根养猪生产第一线的养猪人，做过场长、书记、总经理，后来又担任过重庆华牧集团总畜牧师，经常既要管理好各猪场把猪养好，还要考虑员工能赚到钱，养家糊口，或者更大范围说，作为养猪企业家，不仅要考虑猪，还要考虑人的因素和多方不同资源的整合，有时候从早忙到晚，从年初制订生产计划到年终结算，忙个不停。他同时还承担了国家生猪产业体系重庆唯一的综合试验站工作，负责重庆地区养猪技术的试验示范。中国有千千万万像张全生这样的场长，他们对中国养猪产业发展与进步作出了重要贡献，我们要感谢他们，没有他们，就没有今天中国养猪产业。

通读了张全生所著《人与猪文化经济》有如下体会，与养猪界同仁共勉。

张全生先生酷爱养猪，从大山深处来到城市读大学，最后回归"养猪"。张先生原本励志到城里工作，却成了畜牧专业大学生，最终一生从事养猪业。他从少年时在农村养猪到成长为一位专业养猪企业家是一个飞跃。"天然"养猪缘分承自贵州山区的少时经历，但那时农村养猪方式落后，他大学深造后，从事的是现代化、信息化养猪事业。尤记得张先生刚接到大学录取通知书时时而兴奋，时而闷闷不乐。兴奋之事是要走出农村，悲观之事是这辈子注定"养猪"。多年的思想博弈，他竖立了养猪的正确思想观念，坚定了信心，为后来成为"养猪达人"奠定

了基础。张先生也越来越爱上了"养猪"。

张全生先生是一位乐于思考的养猪人。四十年的工作经历，他不仅不觉得养猪是一件苦恼的事，反而对养猪产生了浓厚兴趣，更是对中国养猪历史尤为关注。他博览群书，深入研究与探讨猪与人类、猪与文化经济的关系。他翻阅大量历史资料，总结自己几十年悉心整理的宝贵素材，终成此书，实在可喜可贺！

张全生先生是中国养猪改革开放的见证者，从大学毕业到退休，正好赶上中国改革开放40年。他经历并践行了中国养猪40年的发展历程。从他书中可以看出，中国养猪业经历了从农村分散饲养到规模化、集约化养殖，一直到现代化、信息化养殖的全过程。他带领一批又一批年轻人始终在将中国传统、落后的养猪产业培育成现代养猪产业的一线默默奉献，因此，中国养猪产业发展的今天有他一份辛勤劳动。

张全生先生是中国养猪文化的倡导者和爱好者。他用自己的镜头捕捉了养猪与中国经济息息相关的点点滴滴，记录了民间养猪文化历史故事，记录了中国养猪的文化轶事，从而丰富了中国养猪文化历史。

张全生先生不仅是一位成功的养猪企业家，而且个人爱好十分广泛，正是这样兴趣广泛、知识渊博，才丰富了中国养猪文化的知识宝库；正是因为爱好和执着才从古籍和民间资料中搜集到这些脍炙人口的精品故事。

我作为从事猪营养研究的工作者，看到像张全生先生这样的企业家几十年辛勤劳动，着力于建设一个又一个猪场，培养一批又一批养猪实用人才，大大提升了中国养猪产业生产力水平，丰富了养猪文化，我由衷地感到高兴，愿意为本书作序，供养猪行业朋友们共勉！

中国工程院院士

2018 年 8 月 25 日于 长沙

前　言

在那远隔都市的黔北大山深处，不知多少辈多少代人就植根在那厚厚的泥土繁衍生息，日出而作日落而息，从事着较落后的农牧业生产，对大山外边的世界知晓甚少。在新中国诞生不久，我出生在这山区的一个农民家里，在共和国的旗帜下养育长大。

小时候，父母总是教我们"听大人的话，好好读书，唯有读书高，以后就不当农民了"，就这样在大人的教诲中，在那山野的牛背上我渐渐长大，慢慢地想着大山外边的世界，也不知什么时候认识到"少年辛苦终身事，莫向光阴惰寸功""古人学问无遗力，少壮功夫老始成""少壮不努力，老大徒伤悲"，这些古诗，勉励我年少时辛苦学习，不敢有丝毫懒惰，静静地倾听睿智的先哲们和成功人士深邃而诚挚的叙说，接受中国传统文化思想的熏陶，特别是父母辈那朴实艰辛并有几分心酸几分期盼情感触动，严守规矩。好好学习，天天向上，终于考入了农业大学，与畜牧业打了三十多年交道，注定了一生跨不出那养育人类的"农槛"和与猪宿命相随，与猪结下了一生的宿缘。多年与猪相伴，总结并学习猪的精神：甘于吃苦（吃的剩菜剩饭、睡的简陋圈舍），待人厚道（从不投机取巧、憨厚不显聪明），力量团队（老幼结伴群居、相依繁衍生息），乐于奉献（命运由天主宰、一生贡献人类）。三十多年，三十个春秋，淡淡的岁月，与猪在一起充满着欢乐和苦闷。与其说玩猪玩了一辈子，还不如说是被猪玩了一辈子。小时候父母叫我们"打猪草"喂猪，长大了还是养猪，实际上从业一生。不过自我感觉欣慰，总觉得这就是人生实实在在的生活。我们养了猪的一生，却又是猪给了我们一生的馈赠，命运让我从事养猪生产并热爱上了养猪这份平凡工作或者叫事业。在这不断发展的社会中，在这七彩纷呈的现实社会和为人处世复杂莫测的人生世界里，在自己不同的工作岗位上，从事职业总是与猪相关，是猪伴随着我全部的生活，自己在不断地因结缘猪而被培养和锻炼成长，用心感悟着历史的悠远深刻和时代科技进步的力量，激情拼搏、坚持超越，不断充实自己、完善自己而成就希望和梦想，在若干的挫折中守望成功，在幸福中笑对苦难，最终感受到对养猪事业的激情和热爱，感受到人生的快活和幸福，品尝到生活的甘甜和芳香。我们猪业科技从业者不需要奢望猎取功名，我们快活着幸福着，虽然它很普通，但无愧无悔。地位不高，勤奋则灵；收入不多，养家就行；健康养猪，一心为民；学而时习之，技术日日新，谈笑有朋友，往来快乐人。多多做学问、学技术，听权贵之悲叹，享贫者之福音，生产好猪肉，争光报社会，这就是猪业精神。

多年来除了"吹猪"外，我的业余爱好是吹萨克斯、学点音乐。长期的"吹猪"已成惯性，是自己的本分，刹不住车、闭不住嘴，还是要说猪。甲子之岁，在朋友们的监督和鼓励下，加上自己对猪事业的眷恋不舍，总觉得对猪欠点什么，于是就在这里再次道一道猪的事，就这样匆匆忙忙写下本书。

浩海烟波，悠悠岁月，在历史的长河中，人与猪的历史源远流长，根底深厚、唇齿相依。猪与人们的生存发展、生活文化、社会经济都休戚相关，直到今天这个时代它仍然是人类生命蛋白质的主要来源，养猪业仍然是国民经济的重要组成部分。从传统的养殖到当今天多学科、多科技资源的集成，涉及建筑工程、工业设备、遗传育种、营养科学、疫病防治、智能管理、加工生产等，凝聚了古今中外多少从业者的创意智慧。人们都想探索搞"懂"猪为人类所用，但要真正完全搞"懂"猪则实在不可能。猪的经济文化历史悠久、源远流长、博大精深所涉信息量之大，涉及面之广，由于本人水平的原因远不能及，我在这里就是在浩瀚森林里拾取一枝一叶，难免过于局限片面，甚至有很多粗糙错误，部分图片是手机拍摄，也不清晰，仅仅沧海一粟、九牛一毛、挂一漏万地拿出来，还不能反映猪文化与人类关系，只能期望读者批评指正和谅解。若能为对猪感兴趣的人们在茶余饭后添味启示或消遣解闷，足矣。

张全生

2018年9月8于重庆

目　录

Contents

序

前言

附录

一

人与猪类
同进化

　　人的起源和进化：地球在最初形成的时候，在茫茫的宇宙中孤独地转着，它寂静无声，没有生命，生命究竟是怎样起源的？这个问题存在着多种臆测和假说，自古以来就有很多不同的争议，人类一直在不断探索着，是现代自然科学正在努力解决的重大问题。在两千五百年前的春秋时代，老子在《道德经》里写到，道生一，一生二，二生三，三生万物。用现在的话说，就是地球上的生命是由少到多，慢慢演化而来。它们有一个共同的祖先，这个祖先就是一，而这个一是由天地而生，用今天的话说，可能就是由无机界所形成。现在学术界普遍接受的是由《物种起源》和米勒实验为理论基础的化学起源说，大约在66亿年前，宇宙形成之初，通过所谓的"大爆炸"产生了碳、氢、氧、氮、磷、硫等构成生命的主要元素及化学分子。经过了一段漫长的化学演化，这些有机元素在自然界各种能源的作用下，合成有机分子，这些有机分子进一步合成，变成生物单体，生物单体又进一步聚合变成生物聚合物，如蛋白质、多糖、核酸等。蛋白质出现后，最简单的生命也随之诞生了。生物体不断地变异，不断地遗传，年长月久，周而复始，具有新特征的新个体也就不断地出现，使生物体不断地由简单变复杂，构成了生物体的系统演化。在这个生命系统中，人类又是如何起源发展的？同样历来传说、争论很多。现代科学家们说，人类是从一种三亿多年前漫游在海洋中的史前棘鱼进化而来的，这种原始鱼类是地球上包括人类在内的所有颌类脊椎动物的共同祖先。后来从猿进化到人，这个过程经历了类人猿、原始人类、智人类、现代人类四个阶段。自从达尔文创立生物进化论后，多数人相信人类作为一个自然界的物种是生物进化的产物，人类成了地球上最聪明的动物。假如人类真的是从猿进化而来，则已经发生大的变方面：运动方式方面，类人猿类主是臂行，人类则是直立行走；类人猿不会制造工具，只会

一

人与猪类
同进化

人的起源和进化：地球在最初形成的时候，在茫茫的宇宙中孤独地转着，它寂静无声，没有生命，生命究竟是怎样起源的？这个问题存在着多种臆测和假说，自古以来就有很多不同的争议，人类一直在不断探索着，是现代自然科学正在努力解决的重大问题。在两千五百年前的春秋时代，老子在《道德经》里写到，道生一，一生二，二生三，三生万物。用现在的话说，就是地球上的生命是由少到多，慢慢演化而来。它们有一个共同的祖先，这个祖先就是一，而这个一是由天地而生，用今天的话说，可能就是由无机界所形成。现在学术界普遍接受的是由《物种起源》和米勒实验为理论基础的化学起源说，大约在66亿年前，宇宙形成之初，通过所谓的"大爆炸"产生了碳、氢、氧、氮、磷、硫等构成生命的主要元素及化学分子。经过了一段漫长的化学演化，这些有机元素在自然界各种能源的作用下，合成有机分子，这些有机分子进一步合成，变成生物单体，生物单体又进一步聚合变成生物聚合物，如蛋白质、多糖、核酸等。蛋白质出现后，最简单的生命也随之诞生了。生物体不断地变异，不断地遗传，年长月久，周而复始，具有新特征的新个体也就不断地出现，使生物体不断地由简单变复杂，构成了生物体的系统演化。在这个生命系统中，人类又是如何起源发展的？同样历来传说、争论很多。现代科学家们说，人类是从一种三亿多年前漫游在海洋中的史前棘鱼进化而来的，这种原始鱼类是地球上包括人类在内的所有颌类脊椎动物的共同祖先。后来从猿进化到人，这个过程经历了类人猿、原始人类、智人类、现代人类四个阶段。自从达尔文创立生物进化论后，多数人相信人类作为一个自然界的物种是生物进化的产物，人类成了地球上最聪明的动物。假如人类真的是从猿进化而来，则已经发生大的变方面：运动方式方面，类人猿类主是臂行，人类则是直立行走；类人猿不会制造工具，只会使用自然工具，人能制造、使用工具；脑发育的程度方面，类人猿没有语言思想，人有很强的思维能力和语言文字能力。

人类出现后，为了生存，人类总是不断地探索、认识其所在的这个世界，不断地发现、利用、改造这个世界，利用各种资源发明和创造出各种供人类需要的东西。我国在新石器时代，就有了种植作物、驯养动物、制作陶器、磨制石器等生产活动。特别是食物生产的出现，即对食用植物的种植和对动物的饲养，是人类历史有了火以后的最伟大的经济革命，从自然采集狩猎向生产家养转变，自然型经济社会向生产型经济社会转变，使社会经济和文化都进入了一个新的水平。以南水稻北粟米为基本格局的农业生产得到较快的发展，家畜饲养特别是猪的养殖更是显著，从在墓葬中发现的大量的随葬猪下颌骨或猪头骨可以得以佐证。有资料说明，人们平时把吃过的猪骨头保存起来，在家吊挂陈列，以显示家庭的富有，遇到丧事就把它随葬墓中，作为死者曾有财富的象征。猪为什么受到人们那样的重视，是因为人类要在这个世界更好生存、进化和发展，需要一定的物质基础，其中基本的食物构成中，动物蛋白质起关键的作用，人类不是单纯的草食动物，是杂食动物，单纯吃植物素食不能满足身体的营养需要，杂食特点就需要补充单一食性的不足，人类不能像牛、羊一样通过吃草就能依赖胃内微生物合成所需要的各种氨基酸，人类如果没有足够的动物蛋白质，生命机能活动将会受到影响，大脑的活动也会受到限制，猪这个动物所具备的特殊的性能，正满足了人类的需求，

为人类经济和文化发展做出了重要的贡献。

由于地球孕育了大量的生命，从细菌到单细胞，从单细胞到复杂生命体，这些生命构成了地球上一个庞大的生态系统。在这个系统中贮存于有机物中的化学能在其中层层传导，是各种生物通过一系列吃与被吃的关系，把这种生物与那种生物紧密地联系起来，这种生物之间以食物营养关系彼此联系起来的序列，在生态学上被称为生物链。生物链是自然界中各种生物之间形成的物质变换和能量转化的链锁关系，因此，生物链在自然界中又称食物链。在自然界中千变万化、错综复杂，形成了大自然中"一物降一物""大鱼吃小鱼"的现象，维系着物种间天然的生物平衡。大自然孕育着万物，而万物又相互依存，都在这个生物链即食物链上生存，死亡再生长，再死亡，反复循环下去。随着地球上人类的繁衍生息，其中的养猪业产生并不断地发展，其实质就是生物链的一部分。猪的产生，成为了生物链的重要组成元素，它在食物链上处于人的下游，与人的生活紧密相连。人类从狩猎到养殖就是人们为生存获得食物所产生的变化，公元前8000年全世界有人口500万人；公元1年全世界有大约2亿人；到公元4世纪，仅罗马帝国就居住有5 000万人以上；到现在全球人口已经74亿。1953年中华人民

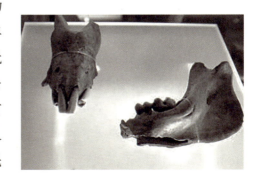

共和国建立初期有5.8亿人，现在中国总人口近14亿。人类生活在地球上，这样大的生群体是大自然中食物链的顶端，是有生命的精灵，是动物中的霸主，在大自然食物链中需要大量的生命能量支撑才能生存。随着人口的增加，需要食品的量也越来越大，人们在长期的劳动实践中不断加强对食品的研究寻找，在自然狩猎不能满足需要的情况下产生了养猪业，在漫长的历史过程中猪一直是人类经济活动中的一个重要部分，当然养猪生产也就不断随之发展。从目前来看，猪肉仍然是人类获得食物（蛋白质）的主要来源之一，猪与人类经济和文化相伴相随。

　　家猪的起源和进化：自然界总是在不断发生变化，永不停歇，猪是地球上与人类关系最密切的动物之一，也是我国古代最早驯化的家畜之一。世界上所有人工饲养的猪称为现代家猪，都是由野猪驯化而来的，是人类劳动的产物，经历数千年驯化而来。通过对出土的猪骨化石的研究和人类历史文物的考证，可以追溯猪的起源。古代的零散文献记录，不断的考古发掘，加上野猪与家猪交配能生产正常后代的繁殖力，使我们不难了解猪种进化的一些过程，特别是随着DNA技术的出现和成熟，更可科学地探索家猪的起源与进化，进一步证实现代家猪的祖先是野猪。

　　猪在动物学的分类上属于哺乳纲、偶蹄目、猪科、猪属。野猪演变成现代家猪是一个漫长的进化历史过程。目前，普遍认为猪的驯化是从新石器时代前期开始的，当前世界上公认的出土最原始的家猪化石，是从伊拉克库尔德斯坦的贾尔木遗址中发掘出来

非洲疣猪

的。人类从猿进化到人经历了几百万年，早期，人们过着游牧生活，有很长一段历史时期叫做旧石器时代，依靠最原始的劳动工具、石块、木棒狩猎生活，到了新石器时代，人类经过漫长的劳动实践，逐步改善了工具，发明了网罟和弓箭，使捕获的动物数量大为增加，有时还是活的、怀孕的，人们就将小的、怀孕的暂时养起来，人们已无意识的开始由狩猎进入畜牧时代。猪在驯养进化过程的变异，与其在自然选择环境中以有利于生存的性状首先发育不同，一直是朝着对人类需要的方向发展，家猪在人类的喂养下，通过杂交、选种选配和改善饲养管理条件，使猪的特性得到了深刻的改造，越来越有益于人类的经济生活需要。《周礼》一书中提到有"豕人"的官，专管猪的鉴定，选择良种和专营饲养的官牧人。

家猪驯养进化历史漫长，人类对猪的驯养时间可追溯到1万多年前。首先是制造"系绳"以限制野猪的活动，促使其发生变异，经过若干代后，猪的行动在被限制的环境内开始影响运动器官的机能，一代代的遗传变异下去，猪的警觉性变得迟钝，性情变得温顺而易于调教。饲养管理也是改变野猪习性的一个决定因素。通过丰富的营养、严酷的限制、细心的管理、稳定的环境、固定的饲养时间和饲养日程，猪的繁殖性能、生长速度、肉的品质、头型和体型甚至内部结构等方面都发生了巨大变化。

（1）体躯比例的变化。猪在野生状态下，前躯占整个体躯的70%左右，中后躯占30%，而现代家猪已颠倒过来，前30%，后70%。现代猪产肉最多的部位是中后（尤为后部）躯，这样后躯的增加，产肉量也大大提高了。

（2）体重的变化。野猪在野生状态下，由于长期处于半饥饿状态，每年体重春小秋大，长长停停，3岁才达70～80千克，而现代优良猪种5月龄可达90～100千克，现在已有120日龄达90千克的记录。现代猪体幅变宽，胃肠发达，腹围增大，白天活动，黑夜休息，犬齿退化，性情温顺等，与野猪截然两样。

（3）繁殖的变化。野生时每年秋末冬初一次发情，前面经过一个较为丰富的饲料季节，体内贮积一定营养，此时妊娠产仔在最有利生存的春季，而现在饲养环境中则常年多次发情，产仔也由4～6头进化到每胎10头以上，年生产断奶仔猪（PSY）达到30头以上。

（4）性情的变化。野猪较机警凶猛，而现代家猪温驯且相对迟钝，与人的交流更加容易。

（5）生活习性的变化。野猪昼伏夜出，家猪白天活动，晚上休息。

（6）野猪毛色具有暗灰保护色，幼猪有条纹。随着各国各地区育种的不同，现在有花、棕、白、黑等多种毛色。

（7）消化系统的变化。野猪

每次进食的数量和种类均不能保证，而家猪消化道长度增加，胃肠容积也比野猪大。

（8）性发育的变化：野猪长期生活在野外，生长发育缓慢，性成熟晚，18～20月龄才能达到性成熟。家猪因生活得到改善，性成熟提前，一般为3～6月龄。

现代家猪的生物学特性：

（1）繁殖率高，世代间隔短。这主要是人们选育的结果。

（2）食性广，饲料转化率高。

（3）生长期短，周转快。一般160～170日龄体重可达到90～100千克，相当于初生重的90～100倍。人类养猪有较好的经济效益。

（4）嗅觉和听觉灵敏，视觉不发达。

（5）猪对自然地理、气候等条件的适应性强，是世界上分布最广、数量最多的家畜之一。除因宗教和社会习俗原因而禁止养猪的地区外，凡是有人类生存的地方都可养猪。

现代家猪的行为学特点：

（1）采食行为。猪虽然是杂食动物，采食品种很多，但仍然具有选择性，特别喜吃甜食，采食时常用吻突"拱食"或"啃食"。

（2）排泄行为。在良好的管理条件下，猪是家畜中最爱清洁的动物，能在猪栏内远离睡床的固定地点排粪尿。

（3）群居行为与争斗行为。包括进攻防御、躲避和守势的活动。

（4）性行为。包括发情、求偶和交配行为，猪的性行为反应比较明显。

（5）母性行为。包括分娩前后母猪的一系列行为，如絮窝、哺乳及其他抚育仔猪的活动等。猪产仔多，护仔能力强，母性行为表现较好。

（6）活动与睡眠行为。有明显的昼夜节律，活动大部分在白昼，在温暖季节，单独活动很少，睡眠休息主要表现为群体睡卧。

（7）探究行为。包括探查活动和体验行为，猪有较强的"好奇心"，有很发达的探究能力。

（8）异常行为。如恶癖就是对人畜造成危害或带来经济损失的异常行为，它的产生多与猪所处环境中的有害刺激有关。

（9）后效行为。猪的行为有的生来就有，如觅食、母猪哺乳和性行为，有的则是后天发生的，后效行为是猪生后对新鲜事物的熟悉而逐渐建立起来的。猪通过训练，可以建立起后效行为的反应，听从人的指挥，达到提高生产效率的目的。

从美学角度，猪在进化过程中的改变，四川旅游学院何顺斌老师是这样描述的：家猪头与躯干的长度不呈黄金比例，野猪体态基本上符合最佳美学原则——黄金分割率。家猪则不是，头占整个体长的比例缩小了，但躯干的长度却增加了。家猪体幅没有韵律感。野猪前躯大，中躯体幅狭窄，后躯消瘦，胸椎最高部分高于臀部，野猪的头脸直伸向前，颈部肌肉异常发达，嘴部尖细，头部恰似圆锥体，野猪的腹部与身体其他部位相比显得较小，腹底几乎平直。野猪的身体结构是经常掘食地下块根植物、争夺交配权以及对抗猎食者所致。野猪体态匀称优美，特别是野猪警觉时，昂起头部，从头颈背尾看过去，由高及低，富有节奏，韵律感十足。野猪的身体结构恰似一枚炮弹，极具爆发力，仿佛一部战斗的机器，把天地之造化美表现得淋漓尽致。家猪肚子大，腰

部粗，头部小，头脸微有弯曲，嘴筒粗短，没有节奏、韵律感，而家猪体势有屈从意蕴之美，现在家猪体势是其现实生活的客观反映，许多品种的家猪头部头皮皱褶多且深、头势略向下，引进的外种猪却完不同，这些现象应该是世界各地选种育种目标有差异以及生长的历史和环境的结果。一切生物皆有智慧。野猪头皮皱褶较浅，皮厚粗糙，头势略向上向前，既方便查看敌情又可随时做好战斗的准备，且这样在争斗时可满足保护头部的需要；而家猪经历上万年的驯化、数千年的圈养，变成了"憨猪"。人猪相比，猪当然是弱势群体，任由人宰割，一旦有违背人的意志必被人舍弃，猪在屋檐下哪有不低头，就形成了头势向下。在自然进化和人工选育作用下，家猪变态的身体结构，登峰造极的人工美，在世界文明史上绝无仅有，家猪不是生物学上的品种，是数万年来人类改造自然的极品佳作，它把人工之造化美展现得酣畅淋漓，家猪是人类推进文明的一大贡献。

整个畜牧业及其中的养猪业起源是人类社会发展到一定阶段的必然产物，是人类劳动的结果，与种植业一起，是人类历史上第一次产业革命。由于种植业和养殖业的产生，人类的生活方式得以飞速改变，从以前单纯依靠大自然的被动局面变化为主动种植作物和养殖动物供人类所需，通过自身的劳动，改变了生存的环境，生活发生了极大的

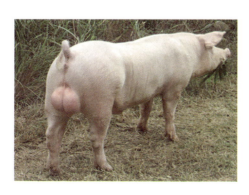

改观，随后人类进入了一个突飞猛进的发展阶段，以至于成为今天高度发达的现代文明社会，在整个发展过程中，畜牧业始终伴随着人类的进步，其中养猪业又是畜牧业主要部分。

中国猪资源丰富。家猪，作

为人工饲养的动物，比其他动物分布范围要大得多，几乎遍及全世界，其品种也千差万别、多种多样。而我国是迄今发现家猪最早的国家，野猪化石在中国普遍存在，全国各地均有野猪化石及遗骸的发掘，如河北省武安县磁山遗址曾发掘大量化石和遗骸，足以证明家猪皆由这些野猪进化而来。

　　人们驯化野猪必须进行必要的选种工作，随着自然选择作用的削弱、社会生产力的发展和猪的生活条件的不断改善，人类逐渐倾向摸索选择那些对自己更有利的个体，增强了猪对人类经济有益性状的变异。可以肯定，在驯化初期，由于环境条件变得太快，猪未能迅速应变，以致身体各部分生长速度的平衡关系被破坏，体内激素的分泌及功能也受到很大影响，势必导致体型减小并失去繁殖能力，但随着它们对新环境的逐渐适应以及长期的人类干预，体型开始变大，繁殖能力不仅得以恢复而且大大提高。

　　随着世界各地人们对猪的驯养和选育，逐渐形成了彼此有所差异的类群和品种。中国幅员辽阔，甚至在不同地域猪的性状也不同，比欧洲家猪驯化程度高得多。达尔文曾指出：中国人民在猪的饲养和管理上费了很多苦心，中国是世界上养猪数量最多的国家，且拥有丰富

的猪品种和遗传资源，是世界猪遗传资源的重要组成部分。养猪历史悠久，南北东西差异大，各地气候和自然环境不同，形成了众多的中国猪种，而各地猪种的不同表型应为人工长期选择的结果，按自然地理环境条件、社会经济条件以及外形、生态特点来考虑，中国家猪可以分为：华北型（东北民猪、黄淮海黑猪、里岔黑猪、八眉猪等）；华南型（滇南小耳猪、蓝塘猪、陆川猪等）；华中型（宁乡猪、金华猪、监利猪、大花白猪等）；江海型（著名的太湖猪，梅山、二花脸等的统称）；西南型（内江猪、荣昌猪、成华猪、桂中花猪等）；高原型（藏猪，阿坝、迪庆、合作藏猪）六大类型。原始地方猪品种是在定居条件取代了游牧生活条件下，伴随着古代农业（种植业）的发展而出现的。20世纪70年代，农业部组织专家开展了第一次全国畜禽遗传资源普查，历时9年，并于1986年出版了《中国猪品种志》，收录了我国48个地方猪品种资源，12个培育猪品种资源和6个引入猪品种资源。从2004年起，农业部再一次组织科研、教学、行政管理部门开展资源调查，收录了76个地方猪品种，18个培育猪和6个引进品种。中国猪种质资源历来对世界猪种的改造有较大贡献，中国猪种及其血缘遍及世界。中国猪品种早已闻名海外，具有早熟、多产、易肥、肉味嫩美和稳定的遗传特性，对东方猪种的影响，可追溯到隋唐时代的"唐豚"，这一点日本文献有明确的记载。而移居到东南亚各国，菲律宾、马来西亚、越南、泰国和印度尼西亚的华人，曾由广东、福建等地带去乡土猪种。在欧洲，原产于英国的约克夏猪与中国猪有密切的血缘关系，约克夏猪分大、中和小三型，大型猪通称为大白猪，世界上分布最广的猪种之一，是以英格兰的本地猪为基础，与中国猪杂交培育而成，中国猪对约克夏猪形成的贡献是不可磨灭的，巴克夏猪也同样如此。英国生物学家达尔文称赞道："中国猪在改进欧洲品种中具有高度的价值""中国猪带到欧洲与欧洲猪杂交，由此形成今日猪品种的基础。"在当今世界猪的品种系列中，英国的大、中约克夏猪和丹麦长白猪等品种闻名于世，一部分功劳要归于早期的中国猪种的作用，世界上的许多著名猪种，其育成过程中或多或少地有中国猪种的参与。

二

国民经济
猪支柱

自远古以来，猪在社会饮食文化中以及在国民经济中占据着举足轻重的地位，它是我国农业发展中的特殊重要组成。几千年养猪的全过程一直向着有利于养猪业发展的方向前进，向着人类经济文化的需要进步。在人与猪共同发展过程中，人类生活水平、生产技术不断变化，养猪技术水平也不断提高，猪的自然属性和生物学特性均发生了很大变化，人们除直接屠宰猪吃肉外，还延伸出了畜产加工、质量安全、动物营养、环境保护、疫病控制、动物福利、粪肥资源化利用等新的学科，人、猪和环境的关系达到和谐统一，直到今天，人们更是离不开猪，养猪事业仍然是一个国家发展经济、提高生活质量和社会稳定重要部分。

中华文明上下五千年的历史，猪自古至今都伴随在人们的身边，我们爱猪肉"就像老鼠爱大米"。猪在长期与人类的经济文化纠葛中，随之形成了以猪为中心的特别的经济和文化，只是以前人们对它的了解知之甚微，甚至存在着对猪文化、经济的误解，认为"憨猪"又脏又臭，养猪业只不过是经济中的一个微小的家庭副业而已。但认真探究猪在人类发展过程中的历史，自人类开始劳动以来，从狩猎到饲养动物，猪就是人们主要的一个生活、经济动物，尽管那时的养猪与现代的养猪有很大区别，但猪伴随人类生活而发展和人们食用猪肉的习俗有着悠久的历史。猪与人的关系是民生动物的关系，古今中外的政府和民间都十分关注猪的养殖发展，充分体现了猪在国民经济的重要地位。

我国出土的甲骨文中就有"家"字，把"家"字拆开，上面一个

"宀"，下面一个"豕"，"宀"是房子，而"豕"是野猪。房子里面养着猪，就是家。"有猪才是家"这话从历史上看是对的，它象征着基本上凡是有人类定居的地方就有猪的饲养。我国养猪的历史悠久，可以追溯到新石器时代，原始的养猪阶段由于缺乏相关文字记载，只能是依靠考古材料，比较模糊地揭示当时人们的养猪情况，据考古工作者的发掘记载：在长江下游地区的浙江余姚河姆渡遗址和桐乡罗家角遗址，发现许多动物骨骼，其中家猪骨骼占很大一部分，并有很多出土陶猪，证实饲养家猪约在公元前5000—前4000年，距今约有六七千年的历史。

从魏晋南北朝到宋元时期，由于受北方游牧民族的影响，羊肉曾经一度在人们生活中的地位高于猪肉，后来，圈养与放牧相结合的饲养方式逐渐代替了以放牧为主的饲养方式，猪肉在人们生活中才占据主导地位。随着经济文化不断发展进步，民间养猪经验日益积累，人们开始用文字进行记载，商邱子有《养猪法》，卜式有《养猪法》，北魏有贾思勰《齐民要术》卷六《养猪》，其中载有："宜煮谷饲之""圈不厌小，圈小则肥疾；处不厌秽（原注：泥污得避暑）。亦须小厂以避雨雪。春夏草生，随时放牧，糟糠之属，当日别与。八、九、十月放而不饲，所有糟糠，则畜待穷冬春初"。这时候饲养方式开始由放牧为主转为舍养为主（因为猪喜食水藻等水草，人们一开始在沼泽水边牧猪，随着农田的不断开辟，可供大规模牧猪的沼泽越来越少），养猪业得以很大改变，对仔猪饲养、小猪催肥、大猪催肥等养猪技术有了系统的提高，如北方寒冷，冬季出生的仔猪易冻死，人们采用"索笼蒸豚法"，微火暖之，帮助其顺利过冬；小猪催肥，"埋车轮为食场，散粟豆于内，小豚食足，出入自由，则肥速"；小猪与大猪应分开饲养，以免大猪抢小猪之食，保证小猪的生长；大猪催肥不宜放养，宜舍养，且"圈不厌小"，圈小则活动少，活动少则消耗少，可使饲料更多地转化为脂肪和肌肉。

隋、唐以来，随着生产力的进步，养猪已成为重要经济手段。《朝野金载》中载："唐洪州有人畜猪以致富，因号猪为乌金。"这是古代养猪的专业户，有数千头规模的养猪场。

宋代，随着活字印刷术的发明，科学文化水平有了很大的发展，有关养猪业的发展情况，在诗文和笔记小说之中也有散见，如"黄州好猪肉，价贱如粪土，富者不肯吃，贫者不解煮。慢著火，少著水，火候足时他自美，每日起来打一碗，饱得自家君莫管""嘴长毛短浅含膘，久向山中食药苗。蒸处已将蕉叶裹，熟时兼用杏浆浇。红鲜雅称金盘荐，软熟真堪玉箸挑。若把彄根（即羊）来比并，彄根自合吃藤条"。

元代时期，已经有很多农学著作中有养猪经知识。王祯编著的《农书》，在养猪技术方面，记载了一些创造发明和可贵的经验，如

"江南水地多湖泊，取萍藻及近水诸物，可以饲之"，即把滋生很快的水草用来喂猪，扩大了饲料来源。另外，还有用发酵饲料喂猪的经验出现，如书中载有："江北陆地，可种马齿，约量多寡，计其亩数种之，易活耐旱；割之，比终一亩，其初已茂，用之锉切，以泔糟等水浸于大槛中，令酸黄，或拌麸糠杂饲之，特为省力，易得肥腯。"说明当时已采取大量利用青粗饲料，搭配精料的方法，利用发酵饲料喂猪。

明代，北方游牧民族的影响日趋式微，养猪业得到了快速发展。由于明太祖朱元璋重新重视小农经济的恢复与发展，小农经济的壮大与养猪业的繁荣相辅相成，养猪几乎成为明朝每个自耕农家庭不可缺少的一项家庭副业。随着中国社会经济的变化，猪肉在明清时代产量越来越多，逐步取代了部分羊肉。明代在养猪技术方面成就也比较显著，如李时珍的《本草纲目》、徐光启的《农政全书》和宋应星的《天工开物》等，总结了劳动生产和科学研究的丰富经验，并在品种鉴别和饲养方法等养猪技术方面取得一些成就。但在明代一个时期我国养猪业曾遭受一次洗劫，成为养猪史上的唯一暴政。如明正德十四年（公元1520年）以俗呼为国姓朱与猪同音，明武宗生肖又属猪，杀猪被看成大逆不道，皇帝严令禁止，违者及家小"发极边永远充军"，且流犯死于流放地后，家口也不许还乡，这就迫使农民把家里养的猪杀净吃光，有的则减价贱售或被埋弃，小猪也一起扔掉，生猪和猪肉一时间在市场上绝迹。养猪业发展受到严重摧残和影响。《万安县志》记载："正德中，禁天下畜猪，一时埋弃俱尽。陈氏穴地养之，遂传其种。"陈氏穴地养猪的事例，有力地证实了劳动人民为了

保存猪种，与统治者进行着不调和的斗争，说明了当时统治者的镇压，君主的权威，也不能阻止人民养猪的需要，无法遏制养猪兴起的趋势，故禁猪之事持续时间并不长久。在劳动人民与统治者的不断斗争下，养猪业在明正德以后又很快得到发展。长期以来，中国古代处于自然经济形态，这种经济形态下的小农经济，决定着农业与畜牧业总是天然地结合在一起，而且养殖牲畜通常都是作为家庭副业，明清时代，随着中国人口空前规模的繁衍，人均占有土地的日益减少，引进农作物等（如美洲红薯、马铃薯、玉米等），都有力推动了养猪业的发展。

清代，养猪业仍然持续发达，全国各府、州、县的方志中，大体上都把猪作为"物产"列了进去，而且出现了一些名贵猪种，尤其是四川，养猪业最为发达，"川猪满天下"。同治四年修的《荣昌县志》即把荣昌白猪列为特产。当时中国猪还被引入到英国，与约克郡和巴克郡土猪进行杂交而育成了世界闻名的大约克夏和巴克夏猪。在养猪科学技术方面，也有一定的成就，对于选种、饲养、疾病防治，有专门论述兽医经验的《猪经大全》。

从鸦片战争至新中国成立前夕，由于帝国主义、封建主义和官僚资本主义的压迫，连年战争，人民生活十分艰难，瘟疫的流行和苛捐杂税的压榨，国衰家破，养猪业自然受到极大影响。

在近代时期，养猪业依然是农家的重要副业和家庭主要经济来源。在人口逐渐增加的背景下，由于人们总希望能够吃到肉类，满足口味和身体的需要，猪肉是最好的选择之一。从植物产品来说，有些如糠麸、薯糟类物质，人不能吃，而猪可以吃，粮食副产品剩余和人吃的剩菜和剩饭由猪又转化为猪肉，养猪得到了可观的回报。养猪既可以积肥，用于作物肥料，还能为人类提供肉类产品，因此，不管在任何困难时候，人们对养猪都没有放弃，而是一直持续坚持下来。

1949年新中国成立，大规模的战争基本结束，中国人民从此站起来了。全国人民在中国共产党的领导下，广大农村实行了土地改革，推翻封建制度，农民分得了土地，而土地需要大量肥料，激发了人们养猪生产的积极性，养猪业得到迅速恢复和发展。当时全国人均猪肉占有3.02千克，部分人"在节日可吃到猪肉"。但养猪生产的道路仍然曲折。1958年之后3年的天灾，养猪数量和猪肉产量大大减少，1961年，全国人均猪肉占有量只有2.26千克。在计划经济时代，社会物质匮乏，人民的生活必需品粮、肉、油、蛋、布、盐、等都要按人头凭票供给，肉类食品也极端稀少，城市居民吃肉也同样按计划肉票（右图为各地肉票）供给，农村养猪按国家计划上调任务或"购五留

五"分配。养猪虽是我国农村广大农民的主要副业，但养猪数量甚少，多数人"无肉可吃"或"无钱吃肉"。

中国是世界上养猪最早的国家之一，也是养猪数量最多的国家，中国养猪业的快速发展是在1978年中国共产党十一届三中全会之后，开始实行改革开放政

策，农业粮食产量逐年大增，特别是1985年取消全国生猪派购，开放经营之后，大大调动了农民养猪的积极性，全国养猪数量快速增加。至1992年，人均猪肉占有量达22.5千克左右。大、中城市取消了凭票购买，进入"敞开吃肉"的时代。至2003年，全国猪肉产量再一次提高，人均猪肉占有量达35千克左右。现在全国人民不但是"敞开吃肉"，而且进入"吃好肉、优质肉、安全肉、特色肉"的时代。2017年全球猪肉产量为11 103.4万吨，中国猪肉产量5 340万吨，差不多占一半。2017年，生猪存栏43 325万头，生猪出栏68 861万头，消费猪肉39.30千克／（人·年），占肉类总量的62%。猪肉是目前提供的主要肉食品之一，猪肉脂肪占28%，蛋白质占14%，可消化率为75%。猪肉是中国人蛋白质食品的主要来源。

　　养猪产业是保障国家粮食安全的重要产业。中国的传统农业生产是与养猪生产紧密不可分割的，我国的养猪业是伴随着农业生产而日渐发展起来的。我国养猪不仅为了食肉，而且还为了积肥。"养猪不赚钱，回头看看田"是相传已久的农谚，"猪多、肥多、粮多"是人们一直认可的规律。早在西周时期（前1046—前771年），人们对肥料与土壤的关系已有相当的认识。西汉时期（公元前206年—公元8年），由于牛耕区域的扩大，耕作技术的改进，水利事业的兴盛，封建社会中的农业生产出现了一个高峰，养猪业也随之有相应的发展。最早养猪方式多以放牧为主，后来就有牧养圈养，由汉墓出土的陶猪圈各种类型的考证，说明在某些地区已出现舍饲与放牧相结合的方式，其中圈养就有积肥的因素。在夏代东方的山东泗水尹家城岳石文化层中，出土有大量家猪的骨骼。在郑州商城二里冈遗址中，考古人员曾在探沟中发现骨料3万块以上，其中以猪骨为最多。夏商考古发掘中大量出土的这些猪骨，从一个侧面反映了当时养猪业的兴旺。夏、商时期，

繁殖能力旺盛、易于饲养而经济
效益好的牲畜，可能向小规模饲
养发展，成为一般社会阶层肉食
品的基本来源，农业的发展，离
不开猪肥，因此，在历史上农业
发展好的时期，也是猪业发展好
的时期。

养猪不赚钱，
回头看看田
种田不养猪，
好比秀才不
读书

　　猪的养殖在中国古代、近代以至今天都占有重要的地位。"家家必
养猪，无猪不成家"，从历史上来说，养猪业的发展水平，影响国家的
粮食安全。粮食与生猪生产是直接联系循环的，是一个系统工程。目
前猪的饲用粮消费高达31%，我国进口6 000多万吨的大豆，80%都是
用于养猪、榨油。但同时，养猪业为农业生产提供大量肥料，促进农
业生产，猪粪对于恢复大田土壤的肥力起到重要作用。猪粪在农业生
产、粮食安全中的地位是不可低估的。古语说：种地不上粪，等于瞎
胡混！清代蒲松龄在《养蚕经》中说道："岁与一猪，使养之，卖后只
取其本，一年积粪二十车，多者按车给价，少者使卖猪赔补。"即一口
猪一年能够积肥20车，能够很好地促进粮食增产，可见家猪对农业提
供肥料具有重要意义。历来养猪与农业的发展相互促进，猪的养殖也
促进了欣欣向荣的农业生产局面。猪肥中氮、磷、钾元素等高效的有
机质，是其他肥料不可代替的。农业与畜牧业的综合循环利用是一个
十分重要的话题。古人云："种田不养猪，秀才不读书，必无成功""棚
中猪多，囷中米多，养猪乃种田之要务"养好猪，积好肥，视为一段
历史时期的最佳营生手段。猪肥在世界上作为农业生产用肥已有几千
年的历史，而化学肥料仅仅百多年历史。化肥时代的现状已证明农田
长期大量使用化肥，环境污染、土地板结、农产品质量影响等弊害所

在的问题，用之不当，则弊多利少。现在世界上很多化肥厂家都限量生产化肥，改增加有机肥生产。因此，总结经验教训，认为畜禽粪肥仍然是今天农牧结合的有效措施。当然现在传统的家家分散养猪已经逐步退出历史舞台，积肥的方式也有很大的改进，现代规模养猪背景下，堆肥、沼气生产、生物降解、发酵技术、有机肥生产等使猪的粪肥得以系统的资源化利用，以保证土地的肥沃和农业生产丰收，从而也证明了猪在中国农业经济中地位的特殊性。

养猪业不仅是我国农业的支柱产业，还能提供部分工业原料，如猪鬃、猪皮、猪骨、内脏是制革、毛纺、制药、化学工业的重要原料，同时还是农民增加收入、脱贫致富的有效产业和出口换外汇的良好贸易商品。

在相当长的历史时期内，农民养猪是维持农家生计的主要手段，相当部分人养猪并不仅限于为一家人提供猪肉，而是出卖换回现金维持全家生计，猪的交易市场也就十分普遍，全国各县乡镇，均有猪交易集市，以供仔猪的买卖，一般有经纪人专门从事这项业务，民间叫"猪偏二""猪贩子"。断奶猪以单头或整窝交易，大小架子猪则数头不等，肥猪则由贩者或屠夫直接向农家收购，生意谈判方式各地不一，多数地方习惯是按头计价，相互讨价还价，经纪人在其中参与抽成一定比例的佣金，这种方式在历代上相当长时间内存在。现在由于科技的进步，规模养猪的发展，这种方式已经逐渐消失，基本上都是大群交易，由于交通的发达和绿色通道政策，加之商品肥猪的增多，已经形成了物流、贩运等新的行业，有力地促进了经济的发展。

　　猪鬃是猪背上的猪毛，这种产品原来是用作肥料的，后来由于发现它富于弹性，且不受潮湿空气的影响，可以做成各种刷子等。近代由于科技工业的发展，猪鬃成为很多产业的良好原料。

　　和猪鬃一样，肠衣也是猪的主要副产品。用竹刀或金属刀把小肠内杂质和油层刮去，保留一层极薄的衣膜，便是肠衣。肠衣市场主要因为外商的购买而逐渐形成，肠衣皮质坚韧、滑润、柔软透明、弹性好，还可用于网球拍、琴弦和医用缝合线制作。肠衣除用于充灌香肠和腊肠外，还用于提取肝素。肝素是一种抗凝血药，用于临床至今已50多年的历史，广泛用于治疗急性心肌梗死、病毒性肝炎，在国际贸易中，肝素的价格常常波及肠衣市场。

　　另外，猪皮是制革工业的重要原料，纺织工业的皮结皮圈、机械工业用的传动轮带、汽车的护油圈、自行车坐鞍、人用皮鞋等，都由猪皮制成。猪内脏器官可制成生化制品或医药产品。猪在医学上的贡献表现在由于猪体成分与人体非常接近，猪常用作医学实验动物。

　　关于猪的税收，王莽时期（公元9-23年）就对畜牧业者取贡收税，中国的猪税已有近2 000年的历史。《文献通考》记载：汉王莽时"山林水泽及畜牧者……其利十一分之而以其一为贡，敢不自占，占不以实，尽没入所采取"，说明随着养猪业的兴旺，从汉朝王莽时代开始就对养猪征收税了。《宋史》"食货，商税"记载凡州、县、关、镇在水陆交通要道和都市，猪及产品都

得抽税，养猪、屠宰收税一直沿袭几千年。中华人民共和国成立后，1950年1月，政务院发布《全国税政实施要则》，将屠宰税列为全国统一开征的税种，改革开放后生猪养殖税费征收仍然存在，后来越来越高，每头生猪实际税费和各种管理费达到了上百元，占每头生猪价值的20%左右。2000年，国家开始在江西试点取消农业税，然后逐步减免。2005年12月29日十届全国人民代表大会常务委员会第十九次会议决定：第一届全国人民代表大会常务委员会第九十六次会议于1958年6月3日通过的《中华人民共和国农业税条例》自2006年1月1日起废止。中国的农业税就此退出历史舞台，中国完全取消了农业四税（农业税、屠宰税、牧业税、农林特产税），在中国延续了数千年的农业税成为历史，《屠宰税暂行条例》也自2006年2月17日起废止。

猪粮安天下，养猪业是我国国民经济支柱产业，是国计民生的事业，猪肉是人民生活必需品，是我国农业生产的主导产品。2017年生猪产值1.6万亿，占农业总产值的18%，是主要粮食作物的总和。养猪业从家庭副业演变为国民经济支柱产业，必须走健康可持续发展之路，从而推动我国由养猪大国向养猪强国迈进。

三

技术同步猪产业

最早的养猪是与农业生产相结合，与种植业技术同步发展，农作物生产为养猪提供了丰富的饲料，猪又为农业生产提供大量粪肥，相互促进，协调发展。早在西周时期，人们对肥料与土壤的关系已有相当的认识，农业生产靠的是土地，如何让土地生产更多更好的农作物，人们就会不断地总结经验。封建社会时期养猪业得到较好发展，农业生产就出现了一个高峰，随之养猪技术就渐渐产生，这就是最早的农牧结合技术，至今这种生态农业的方式仍然需要。早期养猪方式多以放牧为主，后来逐渐有了牧养圈养，在汉墓出土的陶猪圈说明，在某些地区已出现舍饲与放牧相结合的方式。到了西汉以后，出于积肥的需要，人们又设计建造了各种形式的猪圈，有独立式的猪圈、各种与厕所相连的连茅圈和与住房或作坊相连的猪圈，表明这时中国的养猪业由放牧为主转向舍饲为主。清代嘉庆时所修的安徽《合肥县志》就特意提到养猪要设圈，"不得野放""免生邻衅"，这与当时其他相关技术发展是同步的。由于从放牧转入舍饲，修建圈舍、采收饲料、繁殖配种、积肥施农等一系列的经验技术就逐渐产生。

同时，汉代在猪种选育方面，继先秦时期的"六畜相法"之后，进一步提高，如汉代《史记·日者列传》记载："留长孺以相彘立名"。说明当时在鉴定技术上已掌握了机能与形态的关

系，对汉代猪种质量的提高起了很大作用。魏、晋、南北朝舍饲与放牧相结合的饲养方式逐渐代替了以放牧为主的饲养方式。随着养猪业的发展和经济文化不断进步，人们养猪经验日益积累．养猪的方式方法也不断改进，养猪已成为农民增加收益的一种重要手段。

中国历史上在早期关于猪品种的记载较少，多数只记载了猪的某些特征，后来在李时珍的《本草纲目》中："猪，天下畜之，而各有不同。生青、兖、徐、淮者耳大，生燕、冀者皮厚，生梁、雍者足短；生辽东者头白，生豫州者味短，生江南者耳小，谓之'江猪'，生岭南者头白而极肥"，这是中国历史上比较早的且描述比较清晰的有关各个地区不同猪品种特征的记载。但相畜技术起源很早，相传伯益始相畜，商代甲骨文中已经出现与相畜有关的文字，《周礼》中已经将马分为六等，没有相畜术是无法做到这一点的。最著名的伯乐相马，汉代同时也是中国相猪史上的一个重要时期，对猪的相视著作已经出现。据《汉书·艺文志》，记载，当时有"相六畜三十八卷"，其中已有相猪方面的内容；并出现了有关相猪的著作《相猪经》，汉代相猪技术发达的

另一标志是首次出现了以相猪出名的人物如相猪专家留长孺。据《史记·日者曰传记》载，当时"留长孺以相彘立名"，说明早在汉代，人们已通过运用相猪技术来判断猪的优劣与否。《齐民要

术·养猪》卷六上有："母猪取短喙，无柔毛者良"，原注："喙长则牙多，一厢三牙以上不烦畜，为难肥故。有柔毛者燗治难净也。"后来大量的农书中关于猪的相法的内容，都引用此句，如《农桑辑要》《农桑衣食撮要》《腥仙神隐书》《便民图纂》《农政全书》《致富奇书》《农圃便览》《齐民四术》等。这是关于母猪的相法。主要是根据"毛和嘴"的特征来选择。到了清代，人们在总结继承前人经验和民间相猪方法的同时，又从头、身、足、尾、皮、毛对各部位提出了一整套评判猪种优劣的标准，把相猪术向前推进了一步。例如，在《豳风广义·论择种法》中论述了母猪的选种法：母猪唯取身长皮松，耳大嘴短，无柔毛者良，嘴长则牙多，饲之难肥，猪以三牙以上者难净。体现了选择猪的标准：身长、皮松、耳大、嘴短、无柔毛的特征。清《三农纪·豕·相法》中指出，优良猪种应具有下列特征："喙短扁、鼻孔大、耳根稳、额平正、膘背长、臁膛小、尾直垂、四蹄齐、后乳宽、毛稀"，是说这样的猪好养；又说母猪"生门向上，易孕，乳头匀者，产仔匀。"又说下列长相者，则是劣相，不宜作种，如"喙长则牙多，不善食，气膛大，食多难饱；生柔毛者难长，牙根软，不宜肥，鼻孔小，翻食；首皱蹄曲，不宜壮，前后不开，后乳相合者难长"等。另外，我国关于相猪的谚语也很多，如"好猪要耳薄嘴筒齐，毛稀现白皮，腿短身胚大，尾小唢呐鼻""宁要长瘦瘦，不要短肥肥""要选狮子头，不要尖嘴猴"等。另有"奶头粗，颈根长，毛粗尾大是猪娘"的选择标准。我国古代称"相"，即通过对外部形态的观察，评判猪内在的体质、机能、生产性能和健康状态，如一些经验性的认识，鼻大则肺大，目大则心大，心大则猛烈不惊。同时有先后程序，先整体后局部，如先察三赢五驽，乃相其余；整体观念强，关键部位突出，能够抓住要领，动静结合，讲究活泼有神。这些相猪的记载，表明了人们开始关注对猪的品种选育。至今对现代养猪来说仍然适用，是非常具有现实意义的。现代育种方法和育种素材各不相同，但万变不离其宗，只是在选种和选配上应用了许多现代的科学技术方法，特别是电子计算机和生化检测技术等，从表型选择深入到基因型选择，质量遗传和数量遗传紧密结合，对多个性状采用了综合选择。

关于猪的饲料，农书记载有青饲料、水生植物、枝叶饲料类、发酵饲料、干草类、块根块茎、藁秕类、糠麸类、籽实类、发芽饲料、矿物质及其他杂类，饲料种类达几十种之多。其加工方面有机械截短、物理破碎、加温蒸煮、谷物发酵、烘炒熟化、豆类发芽等。古人对猪的饲养技术也很重视，这决定着猪的培育方向和饲养效果，记载最早见于《齐民要术·养猪》中，该书卷六记载："初产者宜煮谷饲之。其子三日便掐尾，六十日后犍。原注：三日掐尾则不畏风，凡犍猪死者皆尾风所致耳。犍不截尾则前大后小，犍者骨细肉多，不犍者骨粗肉少。如犍牛法，无风死之患。十一、十二月生子豚，一宿蒸之；原注：蒸法，索笼盛豚，著甑中，微火蒸之，汗出便罢。不蒸则脑冻不合，出旬便死。原注：所以然者，豚性脑少，寒盛则不能自暖，故需暖气助之。供食豚，乳下者佳，简取别饲之。愁其不肥，共母同圈，粟豆难足，宜埋车轮为食场，散粟豆于内。小豚足食，出入自由，则肥速。"这一段文字表述了对于初生仔猪的饲养管理技术，相当于今天的仔猪哺乳和保育期饲养管理技术。

　　古人也非常关注猪的繁殖技术，早在战国时期，人们就认识到适时配种是养好猪的关键，孟子曾指出：家养"二母彘，无失其时，老者足以无失肉矣"，即及时让猪得到繁殖与饲养，赡养老者的肉就有保证。关于公母猪比例的认识，是一个比较关键的技术问题，合适的公母比例，将会有利于猪的遗传性能和产品性能的发挥。清包世臣《齐民四术·农部·畜牧篇》中记载："凡母猪二十，一猪郎。母两年五乳。"即公猪和母猪的比例为1：20的情况下，根据母猪的繁殖速度，如果给予合理的营养条件，适时配种，2年生产5窝小猪是完全可能的，能够最大限度地利用母猪的繁育潜能。在猪群自然交配情况下，这个比例仍然是科学的，现今基本上都是人工授精，公母猪比例发生了很大变化。

　　从生物技术的发展来说，猪的阉割技术是商、周时代兽医技术史上的一大发明，是一项了不起的创新，也是养猪技术进步的一大标志，甚至推动了后来养殖技术的进步。据《周易·卷三》记载："豮豕之牙吉"。虞翻注曰："剧（同犍）家称豮"，"豮"即指去势之公猪。崔憬云："家本刚突，裁乃性和。"说的是，猪如果不去势，性情比较烈，而去势阉割可改变猪的性情，使其变得驯顺，虽有犀利的牙，必不足为害。《礼记》提到："豕曰刚鬣，豚曰腯肥"，意即未阉割的猪皮厚、毛粗，叫"豕"；阉割后的猪长得膘满臀圆，叫"豚"。而"腯肥"这个名词

早在《左传》中已有提到，不仅描述了猪形态上的变化，而且也叙述了其生理上的转变，这是养猪史上的一件大事。说明在当时人们对于猪睾丸的功能及其对动物生理内分泌的作

用已有认识，故将幼公猪的睾丸摘除，以阻止雄性激素的分泌，也有利于脂肪的沉积，其肉质十分可口。这是我国劳动人民把内分泌学知识运用到生产实践中去的一个范例，是一项畜牧兽医界了不起的科技革命。现代养猪，阉割成为极其普通的育肥技术得到了广泛的运用。

　　明代，我国养猪业曾遭受暴政洗劫，在养猪史上也是少见的，由于猪的生物特性和经济作用，决定了人与猪的相依之缘，不管统治者如何禁止，在短期的影响后仍然获得普遍的发展，明代后期在养猪科学技术方面成就还是比较显著的，如李时珍的《本草纲目》、徐光启的《农政全书》和宋应星的《天工开物》等，总结了劳动生产和科学研究的丰富经验。后来清代到辛亥革命以前，养猪业一直都很发达。自古养猪并不完全限于农村，由于古代城市的兴起，不仅在市内养肥猪，而且还饲养供繁殖的母猪，不过现在为保障城市卫生和公众安全而迁移至边远郊区了。

　　改革开放后，中国养猪业得以快速发展。20世纪80年代各地畜牧部门主要工作是"两推三改"，"两推"：一是推广杂交猪，改原来单纯饲养土猪为杂交猪，引进外国公猪，大力与本地猪杂交；二是推广"熟改生喂"饲养方式，将农村以前大锅熟猪饲料改为生喂，节约能源、劳动力，提高效益。"三改"：一是改自然交配为人工授精，通过人工授精技术提高公猪利用率；二是改"吊架子"为"一条龙饲养方式"，过去农村都喜欢喂大猪，先吊架子，最后短期催肥，养"长寿猪""大肥猪"，通过合理配比营养，从小到大快速养肥到130千克左右，以提高经济效益；三是改圈舍，过去猪圈条件很差，甚至自然放养，对农村家庭卫生环境影响大，通过改圈舍，整治了环境，改善了条件，也提高了养猪的效率。

后来，各地又推广了"两推五改一防""三推三改二早一添""三定三改""五改四推一添加""一管二分三改四定五注意"等一系列技术，逐步完善了农村养猪综合技术推广体系，渐渐过渡到小规模的养殖户、养殖场到标准化工厂化养猪。

现在全世界养猪生产理念、技术手段和组织方式都发生重大变革，传统分散养猪已逐渐退出，规模化、集约化已成必然。

（1）养猪生产规模化、商品化。我国1985年取消生猪派购后，广大农民踊跃养猪，但千家万户，规模都较小，随着市场经济要求养殖户提供数量更多、生长更快的商品肉猪，以千家万户小规模饲养猪为主的模式悄然改变，民营企业和外资不断加大投入，从一批年出栏万头猪场，十万头猪场发展到出栏百万头、千万头猪场，有的组成"公司＋农户"的联合体、合作社或集团公司，以前的散养和小猪场不断

关闭消失，温氏、牧原、正大这些巨头成为主角代表，一类是以温氏为代表的"公司＋农户"的规模分散式养殖模式，另一类是以牧原为代表的一体化自育自繁自养模式。

（2）改变猪的品种结构。我

国原有的地方猪种和外来猪种杂交的土二元、土三元肉猪，生长慢、瘦肉率低，不能满足市场的需求。外国瘦肉型猪种（大约克、长白、杜洛克）大量引入，生长速度快、瘦肉率较高、饲料报酬较高的"洋三元"杂种肉猪（杜×长×大）迅速推广，我国生长慢、瘦肉少的地方猪品种急剧减少，有的地方品种濒临灭绝。

（3）改变饲料的配制和饲养的生产模式。"玉米＋豆粕＋添加剂"的配合饲料日粮迅速取代"以青粗饲料为主＋少量精料"的传统饲料，传统的农民喂猪常常将饲料煮熟，然后饲喂，这种方法慢慢消失，生饲料和半熟化颗粒料取代了传统的煮熟料饲喂。

（4）改变粪污处理的方式。从原来的简单堆肥还田、发展沼气生产再到今天的生物降解、异位发酵制肥和UASB高效厌氧反应器工艺处理等新技术不断产生，有机复合肥的加工生产与农业的发展呈现了高新技术水平的结合。

（5）不断改进已进口的外种猪群的性能。随着大量外种猪的引入，国外规模养殖所产生的多种猪传染病，特别是一些难以预防的病毒性传染病也传入中国，并且还出现某些新的变异，对养猪业提出了新的挑战，促进了我国对猪病防疫的研究。

现代规模养猪研究主要涉及以下五个要素：品种（遗传因素）、饲料（营养因素）、环境（自然环境和猪舍环境因素）、疫病防控（疾病因素）和管理（人员管理和现代技术应用因素）。

种：种猪资源是养猪生产的基础，猪品种选择与个体选择是养猪生产的关键要素，直接影响生产成绩。在养猪发达国家，品种对养猪生产技术进步贡献率占40%～50%。随着国外品种与技术的引进，目前，我国主流品种包括杜洛克（D）、长白（L）与大白（Y）。这些品种的成长速度快，瘦肉率较高。而地方品种适应性强，耐粗饲，母性

好，发情显明。同时我国在丰富的地方猪种的基础上，培育了很多育成品种和配套系品种。育种就是要培育出适应性强、繁殖性能好、遗传疾病少、抗病力强、后代有较高的经济价值和社会效益的优良品种。

养：饲料成本决定养猪收益的高低，饲料是畜牧业生产的物质基础，饲料成本占养殖总成本的60%～80%。饲养猪仅保持一个适宜的生活环境是不够的，更重要的是保证猪营养供给的平衡，选择优质的饲料，严把饲料质量关，根据不同阶段猪的营养需要，严格配比，适宜的生活环境加上均衡的营养是猪维持健康的前提。各种细菌和病毒在自然界中大量存在，与其他生物群类保持动态平衡，猪的病毒、病菌也如此，猪在营养均衡、体质健康情况下，免疫力强，病毒、病菌处于安静稳定状态，一旦猪的免疫力下降，抵抗力弱，它们乘虚而入，导致猪发病。

舍：猪场的环境选择，合理的规划布局是长期养好猪的关键，必须要考虑保护环境和养猪生产二者皆益，设备设施要求"以猪为本"，以满足猪的生理需要和生活特性为基础，追求管理方便和最大效益。只有良好的卫生条件、适宜的温度和湿度，加上良好的通风，猪才会有一个适宜的生活空间，才能发挥最好的生产水平。同时我国土地资源有限，高密度集约化养猪也是我国研究的重点。

病：良好的疫病防控措施是保证养猪收益的关键。疫病在养殖业中越来越重要，在养殖产业链的各个环节中均不能忽视疫病，疫病给养殖业带来的损失是明显巨大的。合理的免疫程序和正确的免疫方法是防控疫病的重要措施，免疫程序的制订要根据自己猪场和猪场所在地疾病流行实际情况来定。疫苗的选择、保存、注射也要严格把关，若有一项操作不当就有可能导致免疫失败，达不到理想效果。保健、消毒也是防病的重

要手段，因为有很多疾病现在还未有疫苗可用，有些疫苗还很不稳定，保护率还不高，要求养殖者必须注重猪群的长期保健，良好的消毒机制和正确的消毒方法是养猪生产中不容忽视的，若有疫情，还需要加大消毒力度。

管：管理涉及方方面面，主要是畜产品的产量和猪群生产性能的全面发挥。不同的饲养方式，饲养不同的品种，养殖业者所获得的收益是完全不同的，养猪发达国家每头母猪PSY达到30头以上，肉猪出栏率180%，存栏猪平均年产肉量154千克，养猪的质量和效益全靠精心、科学管理，现代新型管理技术不断应用于养猪生产，必将促进养猪更高的效益和猪肉产品更高的质量。

综上所述，优良遗传性状的品种、科学营养平衡供给、良好的生活环境、严格的疫病控制、精心经营管理，这些要素缺一不可，环环相扣，猪群才会有良好的生产性能，强健的体质，较强的抗病力，养猪才会有显著的社会效益和经济效益，才能保证养猪业健康发展。因此，养猪业既是传统的产业，又是现代多学科、多技术集成的系统工程产业。

随着人口的发展和肉类食品需求的增加，养猪业也必须蓬勃发展，否则不能满足人类需要，养猪从业者的观念和方法方式也应不断改变，现代养猪需要新的科学技术的应用，使养猪进入全新水平。当前已从

规模化、工厂化、集约化养猪向智能化、信息化模式转变，养猪智能化精确饲养、产品追溯系统的应用是中国养猪业与国际接轨、与现代科技接轨的一个发展趋势，是对传统养猪的一次颠覆性变革。中国的养猪业也正与今天科技同步发展，与国际养猪业先进生产能力一拼高下，以提高生产效益，提高抗风险能力，稳定养猪业产业发展，满足人们蛋白食品的需要。现代技术的应用促使中国的养猪场规模化越来越大，产业化越来越集中，大量的资本涌入养猪业，养猪业的整体素质不断提高，养猪业生产能力越来越强。

现代规模化、智能化养猪，就是利用现代科学技术、现代工业设备和工业生产方式进行养猪；利用先进的科学方法来组织和管理养猪生产，以提高劳动生产率、繁殖成活率、出栏率和商品率，从而达到养猪的稳产、高产、优质（无公害）和低成本高效益的目的，其基本特点是：①按照生产工艺流程专业化的要求，将猪群划分为若干生产工艺群，主要有繁殖母猪群、保育仔猪群和生长肥育猪群。繁殖母猪群又包括后备母猪群、配种母猪群、妊娠母猪群和分娩哺乳母猪群。②应用现代科学技术理论将各生产工艺群，按"全进全出"流水式生产工艺过程要求组织生产。首先是按一定繁殖间隔期组建一定数量的分娩哺乳母猪群，

通过母猪（包括后备母猪）配种、妊娠、分娩、仔猪哺育等工作，以保证生产工艺过程中各个环节对猪数量的需要。③拥有能适应各类猪群生理和生产要求的，又便于组织"全进全出"各工艺流程猪群数量相适应的专

用猪舍。专用猪舍包括公猪舍、配种舍、妊娠舍、分娩舍、仔猪保育舍、生长猪舍、肥猪舍（生长肥育猪舍）等，通过工程技术的处理，这些专用猪舍一般能满足猪的生物学特性和各类猪对环境条件的需要。④拥有优良遗传素质、高生产性能的猪群和完善的繁育制种体系；拥有严密的兽医卫生制度、合理的免疫程序和符合环境卫生要求的污物、粪便处理系统。⑤能均衡地供应各类猪群所需的各种配合饲料，按饲养标准配制各类猪群所需的饲粮，实行标准化饲养；拥有一支较高文化素质、技术水平和管理能力的职工队伍；全年有节律地、均衡地生产出既定数量和规范化的优质产品。⑥保障种猪、商品猪、屠宰加工、销售、饲料生产等一体化发展，具有"种、养、加、销"一条龙模式。在实现方式上多采用"公司＋基地＋专业合作社"形式，也有的采用整合优质资源、填平补齐等方式。母猪与商品猪分级饲养的生产模式，便于更好地实施"规模化、标准化、科学化、生态环保化"健康养殖，提高养猪业的综合效益。

我国现代养猪生产的意义：有利于政府用经济手段加强宏观调控，保证市场的持续供应和价格的相对稳定，确保养猪业健康稳定增长，有利于提高养猪生产的经济效益，推动先进的养猪科学技术应用和科技成果的转化，加速养猪生产的专业化、商品化和现代化的进程，有

利于规范生猪饲养规程，对生猪生产实施监控，使最终产品符合国际卫生组织标准，增强国际市场的竞争力，有利于开展粪污无害化处理工作，避免对环境的污染。基本途径：①集约化饲养，养猪生产的集约化包括"种猪场、繁殖场、商品肉猪场、屠宰加工厂、肉品加工厂、销售部等"一系列产业链，保障将产品直接送到消费者手中。在市场经济条件下，只有走集约化的道路，才有竞争力。②推进科技进步，提高科技含量和生产水平，从而提升养猪生产水平，降低成本，保证猪肉品质。③强化基础设施建设，促进养猪业的可持续发展。④高度重视猪肉品质与安全性。

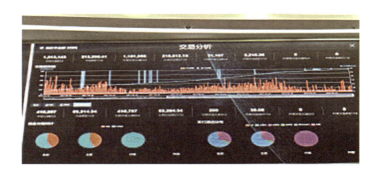

在现代大数据时代，借助于互联网及电子商务的先进技术，首个国家生猪市场于2013年由农业部批准在重庆荣昌成立，是全国生猪"产销、品牌"两大平台，是生猪肉"价格形成、产业信息、科技交流、会展贸易、物流集散"五大中心，展现了"国家平台、全国渠道、配套服务、担保交易、方便快捷、品质保证、猪源充足、公开透明"八大优势，已经成为我国最大的全国统一的生猪现货电子交易平台。运用互联网、物流网、区块链、大数据等技术，建立开放标准，通过链接猪生产管理平台、猪物流平台、检测机构实现猪肉生产—交

易—运输全程来源可追，去向可查，风险可预警，责任可究；检疫检测认证源于官方＋第三方权威机构；场景可视、实时监控，数据区块抓取不可篡改，永续安全存储；资金在线支付；责任到人到点和SPEM＋PICC品牌背书的安全放心优质猪——爱迪猪（ID-PIG）。国家生猪市场运用现代信息技术集合多方面科技资源，打造的我国生猪生产"航母"，必将促进我国生猪业的发展。

应该注意的是，随着国民经济的发展，农产品单纯依靠数量的增长，已经不能满足社会的要求，必须实现由数量型向质量型的转变，是促进中国经济持续健康发展的必然选择，过去政策和科技的共同作用下，已解决了供应数量问题，在养猪业得到大力发展的同时，人类为了追求自身的利益，采取各种降成本促生长的方法，致使猪的生活习性和生理特性与自然法则偏离，脱离了自然的环境，把猪当成生产的机器，非生物与生物环境和社会环境都受到一定程度的破坏。前些年"瘦肉精""无名高热""病死猪""重金属超标""药物残留"等事件时有发生，人们不断追求养猪的经济效益，大量使用抗生素、疫苗和激素等生物药品，猪群旧病变得复杂，新病不断产生，猪肉的品质不能人们味和健康的要求，因此，更加科学的福利化养猪、健康养猪

显得十分必要和迫切，也是全世界养猪业的必然趋势。

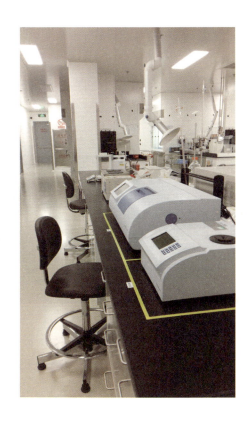

四

日常生活
猪相依

甲骨文中，汉字"家"就是含有"豕"的，就是说，"无猪不成家，无家不成国"。猪这种聪慧可爱的生物在滋养了中华民族的同时也早已成为中华饮食文化不可分割的一部分。猪在古代有的称呼叫"大肉"，它是人间最可爱最美丽的烟火。人类从渺远的古人缓慢地发展到现代社会，经过了漫长而浩瀚的历史长河，从"茹草饮水，取草木果实，穴居野洞"到"山居则食禽兽，衣其羽毛，茹毛饮血"是祖先们跋涉的漫长文明之路，从吃草到吃肉，从生吃到熟食，这些转化是人类文明发展史上的里程碑，是人与动物的分水岭，也是人类饮食文化的开始。

古人类的饮食从生食向熟食的转化，得益于火的发明，没有火就没有熟食。在缓慢的发展过程中，有了火人类就学会用火烤制食物，生活在170万年前的元谋人，是迄今所知的世界上最早用火的人，古猿人从素食到肉食是被迫的。他们没有像食肉动物一样的消化系统，吃肉对他们来说是个苦差事。肉难以咀嚼，难于消化，人体不能充分吸收，但烤熟的肉食其内部结构发生了变化，而易于消化和易于被肠胃吸收，避免了生食所造成的口腹之苦和对身体的伤害，而且由于熟食更富营养，因而它在延长人类寿命的同时，也改变了人的大脑结构，促进了人类的进化。人们在食用被火烧烤过的食物时，感到味道确实不同，发现烧烤过的食物更好吃，经过反复实践，这就是人类最原始的烹饪技术的起点。

自从出现烹饪技术后，从简单的燎烤技

术发展到现在五花八门的烹饪艺术，动物肉类一直都是主要材料，特别是猪肉更是人们餐桌的常见菜肴。随着人类进步，人们对吃食的要求层次也不断提高，从开始的"果腹"（填饱肚子，解决人的最基本的生理需要），"饕餮"（吃的是一个"爽"字，俗而不雅），到现在的"聚会"（此境界吃的重在这个"聚"字），"宴请"（多以招待为主），"养生"（讲究"食补"），"解馋"（讲究的是花样珍贵），等等。现代人们讲究精、美、情、礼，反映了饮食活动过程中饮食品质、审美体验、情感活动、社会功能等所包含的独特文化意蕴，也反映了饮食文化与中华优秀传统文化的密切联系。精（"食不厌精，脍不厌细"，反映了人们对于饮食的精品意识）；美（美作为肉类饮食文化的一个基本内涵）；情（社会心理功能的概括。吃吃喝喝，不能简单视之，它实际上是人与人之间情感交流的媒介，是一种别开生面的社交活动）；礼（生老病死、送往迎来、祭神敬祖都是礼，一种内在的伦理精神）。饮食文化不同层次或境界的变化，都离不开猪肉，猪肉在每个环节都担当了重要角色。

人生一饱非难事，只在风调雨顺时。习近平总书记于2016年8月在北京召开的全国卫生与健康大会上强调：没有全民健康，就没有全面小康。一个民族的命运，要看这个民族吃什么？怎么吃？中国人的膳食结构以谷物粮食为主，其次就是肉类，随着生活水平的提高，肉食品所占比例逐步提升。人类生命活动的基础物质是蛋白质，猪肉自古以来就是提供人类蛋白质和能量的主要来源，贯穿中国人生活食

物的历史，是重要的营养元素。

早在先秦时代，中国就出现了"六畜"之说。所谓"六畜"，构成了古代中国人肉食的主要部分。其中，牛、羊、猪又居于特别重要的地位。如汉代的《盐铁论》所说，"非乡饮酒、腰腊、祭祀无酒肉"，通常只能在逢年过节及庆典时将吃肉作为一种享受。猪在中国人的生活中很普遍、很活跃，在家庭和社会经济结构中，地位作用十分突出。

历代医家认为："猪，为用最多，唯肉不宜多食，令人暴肥，盖虚肌所致也""凡肉有补，唯猪肉无补""以肉补阴，是以火济水，盖肉性入胃便湿热，热生痰，痰生则气不降，而诸症作矣"。

猪肉是我国人民传统的肉食品，在肉类消费中猪肉占总量的60%～80%，猪肉具有很高的营养价值，可供给人类大量的全价蛋白、脂肪、无机盐及维生素。在构成蛋白质的氨基酸中，人体自身不能合成而必须从食物中摄取的氨基酸在猪肉中应有尽有，十分齐全，如赖氨酸、色氨酸、苏氨酸、苯丙氨酸、亮氨酸、

异亮氨酸、缬氨酸、蛋氨酸等，利用率高，是保证中国全民健康的重要食品来源。猪肉性味甘咸平，含有丰富的蛋白质及脂肪、碳水化合物、钙、铁、磷等营养成分，具有补虚强身、滋阴润燥、丰肌泽肤的作用。凡病后体弱、产后血虚、面黄羸瘦者，皆可用之作营养滋补之品。

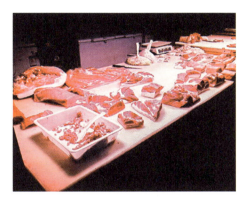

李时珍的《本草纲目》记载："猪，天下畜之。"猪肉作为餐桌上重要的动物性食品之一，因为纤维较为细软，结缔组织较少，肌肉组织中含有较多的肌间脂肪，经过烹调加工后肉味特别鲜美而广受人们喜食。中国是猪肉消耗量大国，也是猪肉产量最多的国家。

猪肉也是全世界主要的肉品来源，各国在选择猪肉的标准上都大致相同，都是浅红、肉质结实、纹路清晰为主，而最高级的肉，是瘦肉与脂肪比例恰好，吃起来不涩不油的肉品，其部位约在里脊、大腿和排骨之处。如果白色脂肪越多，猪肉肉品等级就越低。但若为全脂肪的猪肉，亦可制成猪油。追求味美，是人们心理和生理的客观需要，也是随着时代变化的不同主观追求，猪肉味觉美大家公认，主要的物质基础是猪肉比其他肉类脂肪含量高，脂肪是风味物，其中芳香脂肪酸种类和含量决定了肉品口味，中国人对猪肉烹饪的追求很别致也很古老，烹饪器具和烹饪方法也很多。特别是中国独具一格的陶器，是蒸、炖、煮猪肉的常用烹饪器具，也是符合营养健康科学的，"慢着火，少着水，火候足时它自美"润物细无声，将猪肉美味发挥到极致。

　　猪肉的不同部位肉质不同，一般可分为四级：特级（里脊肉）、一级（通脊肉、后腿肉）、二级（前腿肉、五花肉）、三级（血脖肉、奶脯肉，前肘、后肘）。不同肉质，烹调时有不同吃法。吃猪肉，不同位置的肉口感也不同。其中，里脊肉最嫩，后臀尖肉相对老些。炒着吃买前后臀尖肉；炖着吃买五花肉；炒瘦肉最好是通脊；做饺子、包子的馅要买前臀尖肉。猪肉以切丝、切丁、作炸、熘、炒、爆之用最佳。

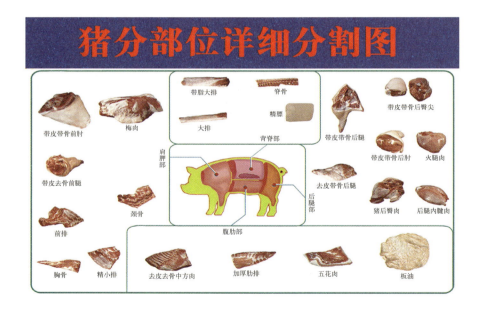

　　食用肉质要求分割肉肌肉保持完整，表层脂肪修净，肌膜不破，色泽鲜红或深红、有光泽、脂肪呈乳白色或粉白色，有猪肉固有的气味，无异味，冷冻良好，肉质紧密，有坚实感，煮沸后肉汤透明澄清。

　　选择猪肉，首先要看肉皮上盖有检疫检验两章的为健康猪肉，根

据肉的颜色、外观、气味等可以判断肉的质量好坏。优质的猪肉颜色呈淡红或者鲜红，脂肪白而硬，肉质紧密，富有弹性，手指压后凹陷处立即复原，且带有香味；质量差的猪肉颜色往往是深红色或者紫红色，肉色较鲜肉暗，缺乏光泽，脂肪呈灰白色有黏性甚至酸败霉味，肉质松软，弹性小，轻压后凹处不能及时复原，肉切开后表面潮湿，会渗出混浊的肉汁，呈现黄膘色；变质肉则黏性大，颜色为灰褐色，肉质松软无弹性；注水肉呈灰白色或淡灰、淡绿色，肉表面有水渗出，手指触摸肉表面不黏手；冻猪肉解冻后有大量淡红色血水流出；死猪肉胴体皮肤淤血呈紫红色，脂肪灰红，血管有黑色凝块，有不同的臭味。

中国是饮食文化大国，烹饪技术丰富、花样繁多，其中猪肉是重要的材料，它既是家庭饮食常用肉类，又是宫廷御膳、酒楼饭馆、摊位小吃不可缺少的原料。猪肉的烹调方法很多，有炒、泡、焖、蒸、炖、熏等。

猪肉烹调注意事项：①猪肉要斜切。猪肉的肉质比较细、筋少，如横切，炒熟后变得凌乱散碎，如斜切，其不破碎，吃起来又不塞牙。②猪肉烹调前莫用热水清洗，不宜长时间泡水。因为猪肉中含有一种肌溶蛋白的物质，在15℃以上的水中易溶解，若用热水浸泡就会散失很多营养，同时口味也欠佳。③猪肉应煮熟。因为猪肉中有时会有寄生虫，如果生吃或调理不完全时，可能会在肝脏或脑部寄生有钩绦虫。

炖猪肉：具有营养丰富和美味的特点，是烹饪的好原料。做好家常菜炖猪肉的诀窍：肉块要切得大些。以减少肉内呈鲜物质的外逸，这样肉味可比小块肉鲜美；不要用旺火猛煮，因为急剧的高热致使肌纤维变硬，肉块就

不易煮烂，同时肉中的芳香物质会随猛煮时的水汽蒸发掉，减少香味；在炖煮中，少加水，可使汤汁滋味醇厚。

当归瘦肉汤：猪瘦肉切块，加当归，加水适量，小火煎煮，食盐调味，除去药渣，饮汤吃肉。当归可补肝益血，同瘦肉配用，以增强补血生血的作用。用于贫血或血虚所致的头昏眼花、疲倦乏力以及产妇缺乳。

海带炖猪肉：海带洗净，切成细丝，猪肉洗净，切成块，姜拍松，葱切段，加少许盐，武火烧沸，文火煮1小时即可。

栗子炖猪肉：将猪肉切成小方块，栗子剥皮，锅中放油与砂

糖炒成橙红色，倒入酱油，放入猪肉、栗子、葱、姜、料酒同煮，润肺化痰、补肾健脾。还有各种民族特色美食，如云南藏族的琵琶猪肉，傣族的"撒达鲁"。"红运当头"是重庆宴席上的一道好菜，用全猪头加红辣椒烹饪而成，是宴席上现眼的主菜，颜色鲜红，味道香美。

北方有人先将猪小肠洗净，去掉肠油后将肠子的一端扎紧，随后将混合好调料的猪血缓缓灌入肠内，封紧后放入沸水中煮熟。在煮制过程中需要不时地在肠子上扎一些小洞来防止肠子胀破。血肠煮熟冷却后即可切片上盘，将血肠蘸上蒜汁和酱油缓缓送入口中，口感顺滑，鲜美无比。东北地区的朝鲜族居民还会在血肠内加入糯米来制作米血肠，其美味令人难以忘怀。很多人认为贴骨肉是最香的。将剔完肉的棒骨、腔骨、脊骨放入大锅中，辅以老抽和香料，大火烧开后细火慢炖，等到将猪肉炖的"骨肉分离"之时，东北名菜"酱大骨"就可以出锅了。

主要居住在贵州的仡佬族是一个热爱养猪、喜欢吃猪肉、热情好客、为人真诚的优秀民族，在招待来客时便有"三幺台"习俗，"三"指的是三台席，即茶席、酒席和饭席；"幺台"，地域土语，"结束"或"完成"的意思；"三幺台"，意思是一次宴席，要经过茶席、酒席、饭席才结束，故称"三幺台"。这样才表明主人的热情礼仪，宾客领受了主人的情意，情深意浓，礼貌高雅，和睦亲切。宴席上摆的"下酒菜"

一般不少于九盘，分别为猪心、猪肝、猪舌、猪耳、腰花、肚片、香肠、瘦肉片等以猪肉为主的菜品。主客开怀畅饮，推心置腹，不醉不休，民族风情十分浓郁。

关于七孔猪脚，有的猪前脚内侧排列着七个小孔，直径约两毫米，叫七孔猪脚，也叫七星猪蹄、七星蹄、七星肘子、七星猪爪、七星爪等。民间传说，七孔猪脚是产妇催奶的好食材，是否与猪的母性强、产奶多、母性好等特性或母猪激素水平有关不得而知。但中医上认为可以通脉，对产后催乳有一定的效果，《医林纂要》：乳即经血所化，血下溢于肝则为经，酿成于胃则为乳，而两乳则阳明胃脉所经行，肝脉交于脾，脾脉络于胃，故乳得从胃化而出。是欲酿乳，补胃为本，常与人参、当归、黄芪、木通、白芷、合生等配之炖煮，充胃气而壮卫气，甘缓益土，生用则行，故能通也。乳本血也，当归辛润滋血，而惟血所归，又所以为乳之本。气畅而血从，血充而乳足。猪蹄，味甘咸平，能补气血，养虚羸，润肌肉，又水畜也，故善通经隧，能通乳汁，又以血气补血气，煮汤去油，恐油腻能滞经络，且滑肠。妇女产后食用七孔猪脚，气血充足乳汁旺盛，对母子都是健康食品。另外，七孔猪脚富含胶原蛋白，益气和中，生津润燥，有促进皮毛生长、美容丰乳作用。在西南地区民间广泛应用，至今在重庆、贵州等地用于产妇催乳。

家猪屠宰产生的猪耳朵、猪脚、猪鼻、猪头、猪舌、猪内脏等，还可以与其他蔬菜炒成菜肴。此做法在东亚、美国南方、欧洲等地都有。除此，猪血也在中国内地被称为"血豆腐"，我国台湾还有使用猪血与米做成的点心的习俗，猪血为上品，台湾称此为猪血糕。肉一般是冷鲜肉。关于深加工方式有很多，如制成香肠、肉片、肉丝、火腿肠、肉罐头等。

中国饮食文化源远流长，传统肉类产品百花争艳，美化飘香。猪肉的加工产品尤为丰富，除了鲜肉加工外，猪肉还可做成深加工产品，如各式肉罐头、火腿、香肠、腌肉，甚至宠物食品。

中国各地的部分猪肉名菜名品如下：

福建"武平猪胆肝"：是武平客家人特制的名特产品，其外形美观、色泽紫褐，风味特异，是宴席冷盘名菜。

贵州"盘县火腿"，历来被视为珍品。这里气候寒冷，被称为"凉都"，有"冬藏火腿食用"的生活习俗。

云南"宣威火腿"，宣威因为火腿而出名，被称为"火腿之乡"，火腿成为了宣威最负盛名的文化标志。

江苏"如皋火腿"，色红似火，风味独特，香气浓郁，享誉全国，闻名世界。

浙江"金华火腿"，是以金华"两头乌"猪后腿肉为原料加工制成的，其独特的腌制工艺具有典型的地方特色，闻名于世，并与其深刻的商业文化内涵，成为一颗地方明珠。

济南"黄家烤肉"，味香扑鼻，皮脆而酥，回味无穷，可久放长存，闻名于世。

黑龙江"哈尔滨红肠"，百年历史的"哈红肠"恒久不变的品质，风靡全国，名扬四海，是哈尔滨市的金字招牌，成为各个国家的至爱。

河北"柴沟堡熏肉"，柴沟堡是一个小镇，因这里的熏肉而闻名，柴沟堡熏肉是远近闻名的地方特色美食，皮烂肉嫩、喷香可口。

江苏"无锡肉骨头"，色泽酱红，肉质酥烂，酱香浓郁，历经百年风雨而不衰。

陕西"四皓商芝肉"，商县古称商州，这里的商芝肉是风靡八百里秦川的名菜。

江苏镇江"水晶肴肉"，肉红皮白，犹如水晶，其味香浓郁，食味醇厚，是镇江有名的品牌，是城市的一张名片。

江苏周庄"万三蹄"，周庄是江南六大古镇之一，中国第一水乡，万三蹄是周庄一绝，是一道特色的名菜。

另外，山东济南的"九转大肠"，意大利"萨拉米"，土耳其"腌肉""经典培根"等猪肉加工产品，也都是人类生活的绝佳食品。各地的"烤乳猪"，都有其地方特色，是传统风味名吃，也是过节招待的上等佳品。

猪肉营养成分：

每100克猪肉中含可食用部分73克

热量（千卡）：320	维生素B_1（毫克）：37	钙（毫克）：6
蛋白质（克）：17	维生素B_2（毫克）：18	镁（毫克）：12
脂肪（克）：28	维生素B_5（毫克）：2.6	铁（毫克）：0.01
碳水化合物（克）：0	维生素C（毫克）：0	锰（毫克）：0.01
膳食纤维（克）：0	维生素E（毫克）：48	锌（毫克）：1.77
维生素A（微克）：8	胆固醇（毫克）：79	铜（毫克）：0.19
胡萝卜素（微克）：0.6	钾（毫克）：188	磷（毫克）：142
视黄醇当量（微克）：57.6	钠（毫克）：76.8	硒（微克）：6.87

　　猪肉的营养价值：根据营成分分析，在畜肉中，猪肉的蛋白质含量最低，脂肪含量最高。猪肉的蛋白质属优质蛋白质，含有人体全部必需氨基酸，瘦猪肉含蛋白质较高，每100克含29克蛋白质，含6克脂肪，经煮炖后，猪肉的脂肪含量会降低；猪肉富含铁，是人体血液中红细胞生成和功能维持必需的元素；猪肉是维生素的主要膳食来源，特别是精猪肉中维生素B_1的含量丰富；猪肉中还含有较多的对脂肪合成和分解有重要作用的维生素B_2。食猪肉可以使身体感到更有力气，猪肉还能提供人体必需的脂肪酸。猪肉味甘、性平，滋阴润燥，可提供血红素（有机铁）和促进铁吸收的半胱氨酸，能改善缺铁性贫血。猪排滋阴，猪肚补虚损、健

脾胃。但是猪肉的脂肪与胆固醇含量高，即使是瘦猪肉，其脂肪含量也高于瘦牛肉4倍多。猪肉具有补肾养血，滋阴润燥之功效；主治热病伤津、消渴赢瘦、肾虚体弱、产后血虚、燥咳、便秘、补虚、滋阴、润燥、滋肝阴、润肌肤，利二便和止消渴。猪肉煮汤饮下，可急补由于津液不足引起的烦躁、干咳、便秘和难产。《本草备要》指出，"猪肉，其味隽永，食之润肠胃，生津液，丰肌体，泽皮肤，固其所也。"《随息居饮食谱》指出，"补肾液，充胃汁，滋肝阴，润肌肤，利二便，止消渴"。《金匮要略》："驴马肉合猪肉食之成霍乱"。"猪肉共羊肝和食之，令人心闷"吴谦注曰："猪肉滞，羊肝腻，共食之则气滞而心闷矣"。《饮膳正要》云："虾不可与猪肉同食，损精"。

　　猪的全身都是宝，猪皮可以制革，做皮质衣料；猪鬃可以制刷，猪胆猪骨可以入药，猪蹄可用于产妇催乳，医学上猪器官可以替代人器官。猪被人们称作"摇钱树""聚宝盆"，家中大量养猪，猪多粪多庄稼好，收入增加致富快。有一首古诗，全面赞扬了猪的价值功能："年逢亥岁红运开，人遇贤君定发财。抬头见喜迎富贵，肥猪拱门送福来。满腹经纶题朱笔，进士及第添光彩。"

　　人类农业文明生态系统中，猪是一个重要角色。由于猪的经济、食用、实用特性，猪除了在经济、生活方面与人类紧密相关外，中国人的审美观不知是否与猪文化美学有关，古代多以养猪肥大而骄傲，以肥为美，只要肥就美，家猪体态是现实生活中客观的表达，现在过年，四川凉山州彝族同胞有"赛猪膘"的习俗，把猪肉最肥的部分切割下

来，挂在同一个地方比赛，看谁家养的年猪肥膘最厚，肥膘最厚的主人，当地人认为最贤惠、最勤劳、最能干，会受到别人的尊重。"一口咬下去，顺着嘴角往下流"，流的是猪油，猪油就是脂肪，这是老百姓吃了蒸肉后的无限感慨，是

幸福、满足与美的体验，是最自然的生活艺术，是猪文化味觉艺术的最高境界，肥者，美也！不知是否受家猪体势意蕴之美潜移默化，在较长时期，对人也如是，在以前的农村挑选媳妇要肚大腰粗臀部圆，有利生儿育女。有人说以肥为美是春秋战国时期中国猪文化的最高审美原则，直到今天，现代年画中猪仍然是又圆又肥又胖的美学风格。随着社会的不断进步人们对食品的要求随之改变，现在人们已经不只是追求养猪又肥又胖，更大程度上追求的是营养和健康，因此，当下养猪除风味口感和经济效益外，"瘦肉型猪"猪的"瘦肉率"也是重要的研究指标。

五

猪论猪著
猪科学

历代留传下来的有关养猪的文献典籍浩如烟海,《养猪法》是我国最早的养猪专著,约成书于2000年前。《汉书·艺文志拾补》认为:古代有两种《养猪法》,其撰者一为商邱子,一为卜式。《齐民要术》全面系统地反映了我国1400年前黄河中下游地区农业生产所取得的成就,被称为"农业百科全书"。全书92篇,其中第58篇是养猪篇,是我国现存最早地养猪专著。总结出不少养猪经验,如"春夏草生,随时放牧""圈不厌小,圈小则肥疾",反映了放牧与舍饲相结合的饲养方法。书中提到"母猪取短喙无柔毛者良"。已开始注重猪种的选择。还介绍了用猪肉制作肉酱、腌肉,以及蒸、煮、煎、炒、烤、炸等美食烹调法。《猪经大全》著者不详,成书于清末。开始以手抄本流传于四川、贵州等地区,1892年被发现出版。《猪经

大全》是猪病医治专著,收有50种猪病(胃肠、肝胆、心肺、肾及膀胱、胎产、中毒、外伤等)治疗法。每种病均列出症状,提供处方,并附图解。尤其对猪的常见病,都提出治疗措施。如猪患肠风下血症,用黄连研末,灌进肠内,即愈。贵州省畜牧兽医科研所组织专家对该书进行研究,诠释,1979年由贵州人

民出版社出版了《猪经大全注释》一书。《古今图书集成·豕部》是清康熙、雍正年间由陈梦雷、蒋廷锡编纂的大型类百科全书，内容广收博采，包罗万象，包括历代经、史、子、集、方志、诗文、游记、笔记、小说等

有关猪的史籍资料，收录宋人周紫芝的《竹坡诗话》："东坡性喜嗜猪。在黄冈时，尝试作《食猪肉诗》云：黄州好猪肉，价贱如粪土，富者不肯吃，贫者不解煮。慢著火，少著水，火候足时他自美。每日起来打一碗，饱得自家君莫管"。从中可知晓，宋时猪业兴旺、猪肉更宜等信息。

还有古代的《氾胜之书》《农桑辑要》《农书》《农桑衣食撮要》《便民图纂》《豳风广义》《马前农言》《三农纪》《农桑经》等农书中都有养猪的内容。

由于印刷术的发明，关于养猪业的书籍也有所发展，众多的文献

资料中多有记述，随着整体农业的进步，明代科学家徐光启著有《农政全书·牧养》，李时珍《本草纲目》提到："生青、兖、徐、淮者，耳大；生燕、冀者，皮厚；生梁、雍者，足短；生辽东者，头白；生豫州者味短；生江南者，耳小，谓之江猪；生岭南者，白而极肥。"

新中国成立后，党和政府十分重视我国养猪业，出版的养猪著作及发表的相关

论文很多，难以计数，如《我国猪的起源和驯化》《中国实用养猪学》《我国养猪业的几个传统特点》《我国历史上养猪情况简介》《我国养猪业的发展与科学技术的成就》《现代养猪生产》《猪病防治大全》《中国猪品种志》《亥日人君》等。1959年，毛泽东主席发表《关于养猪业的一封信》，提出猪应为"六畜"之首。当今，出版面市的书籍数不胜数、比比皆是，从不同的角度论著猪业的科学技术，随着各门科技的发展及在养猪业中的应用，不断推进养猪业的多学科集成技术，养猪业成为高科技的行业。

特别是改革开放四十年，随着国家对农业科技的重视，各院校科研院所和生产一线的科技工作者，对养猪开展了大量的科研活动，撰写了大量论文和若干的著作，不论是基础理论研究还是技术推广的书籍都层出不穷、丰富多彩、琳琅满目。同时伴随学术和经济的全球化，西学东渐，大量翻译的书籍传入中国，引进了西方先进的养猪科学技术，特别是在育种方面，不只是引进了很多优秀品种，也引入了不少的先进科技，有力推动了养猪业的学术研究和生产发展。

中国在改革开放的情况下，市场经济全球化，科技与国际接轨，养猪科学技术飞速发展。

一是在管理上，现代养猪规模化，就是利用现代科学技术、现代工业设备和工业生产方式进行养猪；利用先进的科学方法来组织和管理养猪生产，以提高劳动生产率、繁殖成活率、出栏率和商品率，从而达到养猪的稳产、高产、优质（无公害）和低成本高效益的目的。猪的饲养管理更加细分，分为种猪、公猪、仔猪、保育猪、商品猪等不同阶段和类别，不同的猪用不同的方式进行管理，饲料营养、环境条件、防疫措施及操作技术等都各有不同。现在不少猪场采用了母猪电子群养饲喂系统，干料或液态料饲喂智能饲喂系统。自动化智慧化养猪也逐渐进入养猪行业，通过改善饲养管理，达到提高生产能力的目的，为养猪生产提档升级奠定了基础。

二是猪种品种资源及其利用。猪的经济类型可分为脂肪型、兼用型、瘦肉型。多年来各级政府、各界高度重视中国地方猪种遗传资源的保护与利用，与保护其他生物多样性一样，以积极的、发展的、开放的、动态的原则，坚持开发、评估、保护、利用四者的有机结合，不断发掘、评估新资源，研究保护与利用的新方法、新途径，解决新问题，使猪种遗传资源的保护与利用为畜牧业的可持续发展、进而为人类社会的可持续发展做出应有的贡献。

三是猪的繁育技术的提高。关于猪的繁殖障碍及提高母猪繁殖力的技术得以深入研究；猪人工授精于1932年首次试验成功，到20世纪50年代世界各国广泛应用于生产。由于不断的技术革新，目前输精技术已普遍推广；冷冻精液技术也应用于生产，解决了常态精液不便于远距离运输，不能充分发挥种公猪的优良性能的问题，即利用干冰

（-79℃）、液氮（-196℃）、液氦（-269℃）等作冷却源，将精液特殊处理后冷冻，保存在超低温的液氮（-196℃）状态下，达到长期保存、远程运输的目的。性状的遗传与选择采取科学有效的选育方法：分子遗传学理论和技术的进展，影响猪繁殖性状的单基因或QTL的鉴别；分子标记辅助选择（MAS）为显著改良猪的生产性状（如猪产仔数）提供了新的途径，MAS以多种分子标记为前提，RFLP、SSCP、微卫星标记等是常规选择的辅助手段，实现了由表型选择到基因型选择的重大改变，提高了选择准确性，加快了遗传改良进展，新品系和配套系的培育等。

四是猪的营养需要研究。猪的饲料资源开发及加工利用科技含量提高。传统猪的饲料，主要是适口性好，饲用无害，幼猪能生长；而现在饲料养分的功能及检测技术，饲料加工机械与饲料生产工艺都达到较高科技水平，更加细分了浓缩饲料、膨化颗粒饲料、粉状配合料、添加剂、预混料、生物制剂、微生态饲料等，形成了新的饲料工业产业，以获得资源利用的最佳结果。

五是猪场疫病防控。由于环境的变化、猪群的增多，新的疫病增多，病原变异和血清型复杂，非典型病例增多，猪病研究应随之加强，针对规模猪场疫病的发生特点，建立严格的生物安全体系、卫生防疫措施等，提高

疫病诊断防治技术水平。

六是猪的屠宰加工工艺。猪肉的冷却、猪肉的成熟与防腐、猪肉加工常用的辅料、腌腊制品、干制品、灌制品、罐头制品、肉质指标及其评定方法均采用现代先进技术，更进一步满足人类的需要。

现代化养猪的发展，一是饲养方式逐步从个体零散的状态转移到大规模集中的饲养方式，生产效率大幅度的提升，是我国城市化和农业现代化的必然趋势。我国近14亿人口，每年出栏育肥猪需要6亿头才能保证供应。二是饲养密度较高，占地面积减少。我国人多地少，现代化的高密度养猪才能不与农争地，与人争地。三是饲料及产品更加标准，饲料标准化是保证猪产品质量的基础。饲料的标准化包括生产、检测、仓储、饲养更加规范，进而提供科学的营养，为猪产品质量提供保障。四是科学技术含量高，管理更加科学化，以提供猪适合生存的环境，尽可能发挥猪自身对环境的适应力和对疫病的抵抗力，才能

提高工作效率和经济效益。五是管理环境人性化，更适应现代人的工作生活方式，才能达到可持续发展的目的。六是环境美好化，现代养猪要遵循美丽中国、美丽乡村建设要求，也是现代化养猪发展的主要趋势。

六

图腾崇拜
祭猪神

　　风光不尽猪图腾，猪图腾是神坛圣物，历史上关于猪的图腾崇拜是原始宗教的一种表现形式，图腾就是信仰者相信自己是某种动物或植物的后生，承认它是自己族人的祖先，敬奉它们并信守相关的禁忌，将该动物的神性血统传承下来，有的视该种动物为神物，因此，禁止捕捉和食用这种动物，也有的认为食用该动物是必须之举，形成了围绕着宰杀和享用图腾之肉的重大礼仪。在上古时期，人们缺乏对野猪的控制能力，由敬生畏，猪也是人类敬畏的对象之一，同时又是与人类生活密切相关的动物，猪更多被当做一种图腾。随着劳动生产力的提高，家猪饲养的普及，人类自御能力的提高，人们对猪的态度也就由原始的敬畏转向对生产生活资料的崇拜。

　　图腾产生在旧石器时代，原始游牧民族，彼此单独行动，无群体意识，后来图腾的产生，使得他们以崇拜相同图腾的名义形成了群体性社会组织。关于中国历史上的猪图腾崇拜，《山海经探源》中指

出："在《北次山经》中所述共46个山，其中有20个山的山民崇拜马，另外26个山的山民崇拜猪。"也有说："中国西南的傈僳、哈尼、珞巴等民族古时候以猪为氏族图腾。云南新平县彝族认为猪槽有功于祖先，故奉之为神物，严禁用、跨、坐和触。云南剑川兰州坝白族的一些村寨，对外以高、黄、杨、赵等姓称呼，内部却有猴、鸡、猪、青豆虫等家族标志。"珞巴族有传说《猪救母子》，说的是老母猪对他们有恩。另外一则珞巴族图腾神话则认为野猪是米日人的祖先，他们是米日人的后代。野猪成为他们的图腾，现实生活中忌讳捕杀野猪。若没有其他野兽可捕食，捕猎到野猪时，必须放一个晚上后才能吃。

大英皇家人类学会出版的《人类学田野工作手册》中图腾的定义为：一种形式的社会组织和宗教行为，其中心特征为部落中若干社团（一般为民族或宗族）与某些生物或无生物的结合，有图腾必有图腾名称，以猪为图腾的氏族，便以猪作为氏族的名称，猪图腾名称在近代许多民族或部落中仍然存在，国内以猪为图腾名称的例子很多，我国彝族保留了猪图腾名称。西方一些民族现在还崇拜猪，喜欢在徽章和盾牌上绘猪，以示勇猛。英格兰王查理三世的徽章是两头猪拱卫着盾牌。苏格兰亚盖公爵的徽章上，猪头像置于图案上方，显示猪的尊严。英国、德国、瑞士、法国各式造型的猪像徽章常常是一些家族的标志。由此可见，以猪为图腾（名称）是一种普遍的人类文化现象。

猪图腾多有变形现象，如猪身

人面的变形图腾，就是在原形猪的基础上，经过人们的幻想完美而改造加工的图腾形象。《中山经》中有"豕身人面""彘身人首"等变形图腾。猪图腾崇拜遗物在我国各个历史时期均有不少发现。出现在世界各国的变形图腾屡见不鲜，我国变形猪图腾，应当是新石器时代晚期，亦即仰韶文化时期的人类文化产物。这个时期是图腾信仰衰落时期。此前人们纯以自然猪为崇拜物，但此期人们在发展了畜牧业，学会了家养猪等动物，使得猪逐渐走下神坛，成了半兽神，图腾信仰逐渐衰落。商周青铜文化中的猪造型和猪纹，同样是猪图腾崇拜遗物。

猪龙是华夏最古老的龙。从旧石器时代中期开始，猪成为华夏先民图腾崇拜的神坛圣物，进入新石器时代，猪图腾圣物又融入中华民族共同的图腾，如猪首龙成为龙的一部分。猪由自然图腾走向综合图腾，有人说，因为猪是人类驯化最早的动物之一，猪与人类的关系密切，猪属水性是水畜，《毛传》："豕之性能水"，农谚"狗游三江，猪浮四海"，猪曾被奉为雷雨之神，与龙和雷雨关联，说是"雷公豕首麟身"，龙是猪的后代，猪是龙的雏形。

猪神：猪神是指与猪相关的行业神，每个行业都有自己崇拜的对象，这种崇拜同民族文化关联，又同各地风土人情、历史典故结合，如养猪保护、猪栏、阉割、兽医、屠宰、肉铺、火腿、贩猪诸业神等。

（1）养猪保护神。畲族，以马氏娘娘为保护养猪的神灵；川东地区和黔北地区部分乡村以四官菩萨作为养猪的保护神。以前四川养猪业在农村经济中占有特别重要的地位，猪保护神是很重要的。

（2）猪栏神，亦称猪圈神。浙西南山区猪栏神为家中所祀之神，养猪户供奉豕神、栏神，不立神位，只在猪栏边插一炷香，敬奉神灵，以求六畜兴旺，养猪顺利。南方农村有的地方厕所和猪圈多合二为一，豕神也成了厕神，故厕神多兼职圈神，厕神即紫姑神。有些地方猪栏神是姜太公，封神时姜太公把为自己预留的东岳神让给黄飞虎，自己当猪栏神。浙西一带常在猪栏张贴黄纸，"姜太公在此，百无禁忌。"这两者很多地方是分不清的，总的都一起供拜。

（3）阉割神。阉割行业，以猪为首，民间传说约公元前2590年的少昊，是第一个阉割牲畜的人，被视为神崇拜（以祈求阉割手术顺利）。

（4）兽医神。唐代有兽医论著《马师皇八邪论》《师后五脏论》，马师皇便成了兽医的祖师神。

猪除了食用外，史前时期的民间习俗，人们大量用猪随葬和祭祀。我们常说的"三牲"指的是"猪""牛""羊"，而就考古发现来说，猪的祭祀最为普遍。猪豚在祭灶中必不可少，这是因为传说灶神是猪神的后代。人们认为"火正祝融为灶神"，而传祝融是颛顼之孙，颛顼为韩流之子，韩流在山海经中被描述为一个猪嘴猪脚、半人半兽的形象。猪随葬奴隶社会就已出现，猪随葬是当时社会人们现实生活的真实反映，随葬的小猪和母猪较多、猪头骨多、公猪少，是人们对猪的情感表达，我国出土的与猪头有关的陶猪头、陶猪头手柄、陶猪拱嘴等，表明古人有猪头崇拜情结。在大汶口文化中，人们普遍以猪头随葬，

一些富人甚至还以整猪随葬。可能这样做，一是供死者享受，二是借此夸富。在考古中大量发现整猪随葬，殷商时期，猪仍被广泛用于随葬和祭祀。

汉代时，中国道教开始形成，源于天竺（印度）的佛教也开始传入中土。佛教、道教在随后的魏晋南北朝时期获得了较大发展。佛教、道教都忌食肉荤。在佛教、道教的宗教祭祀上自然也没有猪肉的身影。但秦汉魏晋南北朝时期，猪肉作为民间普通百姓祭祀的首选之肉，其地位得到了一定的加强，成为祭祀的专用肉类，原因可能是猪肉比其他肉类更容易获得，并与生活关系密切。猪在祭祀中扮演着重要角色。以鲁南滕州为例，当地的人们在祭祀时，助祭人要将酒倒入供祭祀用的猪的耳朵中，倘若猪的耳朵或四肢抖动，则证明神灵赐福，祭祀过程算圆满完成；如果没有的话，助祭人要跪拜反省，检讨自己有没有亵渎神灵，接下来要进行谢罪的仪式，之后重新祭祀，直到耳朵或四肢抖动方可停止。猪在传统习俗中代表着吉祥，包含着人们对灿烂生活的美好希冀。因此，民间有许多与之有关的习俗。

唐宋时期，中国的猪肉祭祀礼俗得到了传承。不管是官宦之家还是乡野村民都在每年岁末用猪头祭灶。唐宋时期，是中国佛教、道教发展的鼎盛时期。佛教、道教祭祀的礼仪逐渐影响到民间祭祀，最为典型的就是当时的中元节祭祀。明清时期，中国的民间祭祀仍广泛使用猪肉作祭品。特别是岁末年终之时，不少人家"杀年猪"更是要祭祀祖先，在南方广大农村至今也仍然如是。

祭祀成为发展古代养猪业的推动力。宰猪供祭祀是古代中外各国的民族风俗，这种古俗祭祀用的这些猪肉，虽以祭神或祖先为名，其实最后都被人享受吃掉。因此，数千年来肉类消费大多集中在节日，也就促进了养猪业的发展。《礼记》上记载关于喜丧宴会的活动，乃至诸史的《祭祀志》上大小的祭典也少不了用家猪。

在我国西南或其他地区，凡重大祭祀必用猪祭品，并以猪头为重，俗称"猪头三牲"。吴谷人《新年杂咏》："杭俗，岁终祀神尚猪首……选皱纹如寿字者，谓之'寿字猪头'"。现今江浙一带在腊月仍储备腌制咸猪头为年货。清明节广东人爱用烤猪祭祖，俗语"太公分猪肉，人人有份"，形容祭后全家分食祭品。

在四川南充嘉陵江边文峰乡有一座小山叫"猪山"，因形似猪而得名。山上松树已成林，每年春天游览的人很多，文峰乡政府计划将猪山建成森林公园，"猪山"是一座神山，以其神灵闻名遐迩，自20世纪80年代恢复祭祀以来，每年前来进香祈福者络绎不绝，"猪山"作为当地的守护神受到百姓的顶礼膜拜。而关于"猪山"对当地百姓的拯救，至今仍作为一个不老的传说代代流传。

陕西一带有送猪蹄的婚俗。结婚前天男方要送四斤*猪肉、一对猪蹄，称"礼吊"，女方退回猪前蹄，婚后第二天，夫妻带双份挂面及猪后蹄回娘家，后蹄退回，俗称"蹄蹄来，蹄蹄去"。东北汉满族也有结婚"离娘肉"。西双版纳布朗族婚礼，男女两家用竹竿串起猪肉分送各家以示"骨肉亲"。

过去四川、贵州等地民间凡病灾不幸，家中长者设香案祭求驱邪，认为"杀死一母猪鬼，驱除一个邪"。《山海经·北次三经》所载"彘身而载玉""彘身而八足"，就是对猪图腾崇拜的迹象。

---

* 斤为非法定计量单位，1斤＝0.5千克。——编者注

民间还流传"女娲造六畜"的神话故事：女娲第一天造鸡，第二天造狗，第三天造猪……第七天造人。贵州遵义等地民间的说法，"一鸡二犬三猪四羊五牛六马七人八谷九豆十棉花"，正月初三是猪日，中国民间传说中女娲造猪的日子，因此，人们习惯在这一天不杀猪，如果当日天气好，则当年的猪会长得膘肥体壮，主人家自然喜上眉梢。中国民间传说中的灶王爷以及地上诸神在腊月二十四升天，向玉帝奏报人间诸事，到了正月初四，便会回到人间。因此，各家各户惯于这一天，在厅头供拜牲醴、果品、甜料等物，以及烧金纸、神马（纸上印有马形，以供诸神乘驾），燃放爆竹，接迎诸神下降，降赐吉祥。俗谓"送神早，接神迟"。中国民间还认为，送神应于黎明之前，越早越好，反之，接神祭仪一概于过年以后才举行，而且时间要在中午之后，当然这也许是人民对生活息息相关事物的祈祷和崇拜而产生的文化现象。有了人和"六畜"家族才能和谐兴旺。猪还是民间习俗、节庆活动中的重要角色，据《荆楚岁时记》载：汉族习俗，正月初四为逐日，也是禁止杀猪的。《抱扑子》也提到："山中亥日称人君者，猪业"。把猪视为'人君'，即人上人加以崇拜。这些说明中国大多数民族或地区，都有把猪作为图腾崇拜的时期，猪在中国历史文化中曾经是一个非常光鲜的形象，拥有辉煌的历史，但随着历史变迁，猪的地位形象开始变化，现代猪图腾的文艺化现象已经很少了。

七

猪诗猪赋
猪歌谣

在中国，猪在各民族文化圈里是最古老最重要的动物，虽然它不像其他动物那样富有浪漫意境，所以描绘猪的诗篇就显得十分稀少，流行吟咏就更加少见，但由于它与人们生活休戚相关，在社会上也有很多诗赋歌词民谣歌曲，并非"猪不入诗"。

从西周开始也产生过与猪有关的诗赋。

最早的诗歌集《诗经》中有咏猪的诗歌："执豕于牢，酌之用匏，食之饮之，君之宗之"。"言私其豵，献豣于公。"

《易经》："羵豕之牙吉"。

《越绝书》："勾践以畜鸡豕，将伐吴以食士。"

罗隐的"鸡肋曹公忿，猪肝仲叔惭，会应谋避地，依约近禅庵。"

杜甫的《送韦十六评事充同谷郡防御判官》："古色沙土裂，积阴雪云稠。羌父豪猪靴，羌儿青兕裘。"

薛能的《洛下寓怀》："胡为遭遇孰为官，朝野君亲各自欢，敢向官途争虎首，尚嫌身累爱猪肝。"

李商隐的："甑破宁回顾，舟沉岂暇看，脱身离虎口，移疾就猪肝。"

王绩的《田家三首》："小池聊养鹤，闲田且牧猪，相逢一醉饱，独坐数行书。"《薛记室收过庄见寻率题古意以赠》："尝学公孙弘，策杖牧群猪。"

汪万于的《晚眺》："静对豺狼窟，幽观鹿豕群。今宵寒月近，东北扫浮云。"

南北朝的《乐府民歌·木兰诗》："小弟闻姊来，磨刀霍霍向猪羊。"

秦观的《雷阳书事》："出郭披莽苍，磨刀向猪羊。"

苏轼的《送刘道原归觐南康》："定将文度置膝上，喜动邻里烹猪羊"。《食猪肉诗》："黄州好猪肉，价贱如粪土。富者不肯吃，贫者不解煮。慢著火，少著水，火候足时他自美。每日起来打一碗，饱得自家君莫管。"一道享有盛誉的名菜"东坡肉"一直流传至今。

王驾的《社日》："鹅湖山下稻粱肥，豚栅鸡栖半掩扉。"

陆游的《游山西村》："莫笑农家腊酒浑，丰年留客足鸡豚。"

范成大的《祭灶词》："云车风马小留连，家有杯盘丰典祀；猪头烂熟双鱼鲜，豆沙甘松粉饵团。"

蜀寺僧的《蒸猪肉诗》："嘴长毛短浅含膘，久向山中食药苗。蒸处已将蕉叶裹，熟时兼用杏浆浇。红鲜雅称金盘荐，软熟真堪玉箸挑。若把膻根来比并，膻根自合吃藤条。"

无名氏的《选人歌》："今年选数恰相当，都由座主无文章。案后一腔冻猪肉，所以名为姜侍郎。"

元好问的《驱猪行》："沿山莳苗多费力，办与豪猪作粮食。草庵架空寻丈高，击版摇铃闹终夕。孤犬无猛噬，长箭不暗射。田夫睡中时叫号，不似驱猪似称屈，放教田鼠大于兔，任使飞蝗半天黑。害田争合到渠边，可是山中无橡术。长牙短喙食不休，过处一抹无禾头。天明陇亩见狼藉，妇子相看空泪流。旱乾水溢年年日，会计收成才什一。资身百倍粟豆中，儋石都能几钱直。儿童食糜须爱惜，此物群猪口中得。县吏即来销税籍。"

《乌骨猪颂》："猪王毕竟非凡品，骨能治病肉延年。借问此公何所以，肥头大耳腹便便。"

《咏猪》："祖居帅位号天蓬，大耳肥头一富翁。巧逢国难增身价，幸值时艰博美名。满腹糟糠称蠢物，一身肥肉傲贫穷。莫道人间无正义，钢刀起处不容情。""小豕拱爬大豕眠，凡尘万事食为天。家肥屋润丁财旺，六畜排行我最前。""一副憨态慢腾腾，喜怒哀乐不形神。仙卧不问尘间事，心宽赢得健康身。"

从古人诗意作品来说，对猪的描绘的确不像对其他动植物或山水人物那样丰富多彩，也很少有脍炙人口众人传诵的诗文。但它们是历史的记录和见证，在猪文化中也添了光彩。

猪不但入诗，同时也入画，以画配诗，更显雅致。徐悲鸿的画猪，配了一诗："少小也曾锥刺股，不徒白手走江湖。神灵无术张皇甚，沐浴熏香画墨猪。"

　　这些诗赋画境描写的是人们日常生活的一幕，喝酒吃肉、交朋结友、婚丧嫁娶、礼义人情、田园农家、祭祀膜拜、吉日庆典，充满着勃勃生机，也直接反映了猪在人们生活中的作用并且已经具有了不可或缺的重要性。

　　由于猪的特殊作用，不管是文人雅士还是布衣贫民都不开猪，猪进入文学名著中是必然的，历来农耕需要养猪制肥构成生态循环，种田不养猪，秀才不读书，穷不弃书，富不弃猪，猪业形成文化，影响到人文、伦理、哲学乃至世界观。我国古代最具有影响力的文学名著要数《西游记》和《红楼梦》，反映了这种文化飞跃，《西游记》是以猪为幌，借猪喻人，宣扬人性，猪八戒"原是天蓬水神"，"敕封元帅管天河，总督水兵称宪节"，天蓬本是道教紫微北极大帝的四将之一，充分体现猪崇拜和云雨之神的关系，吴承恩用动物来做替身，塑造老百姓的温饱、求生和小康意识，猪八戒是中国古典名著被全世界所接受的角色之一；《红楼梦》则通过贾府的生活细节体现了上流社会中的猪肉餐饮文化。

　　现今，各农业院校专家或其他养猪从业者，长期从事猪业事业，有感而发，创作了现代诗词，如华中农业大学喻传洲教授对猪一生情结，写有《猪缘》诗集。

　　其中有恭祝猪友虎岁更利，"恭迎新春辞旧岁，祝君平安共举杯。猪在丑年利虽寥，友逢佳节酒还醉。虎年交替豕未改，岁月轮回价将危。更新观念重管理，利升本降何言"。

　　为猪友祈兔年，"冬逝春来又迎新，佳节倍思猪友情。虎年虎威叹疫肆，兔年兔吉盼瘟平，疫魔未知几时至，警志非可一日泯。莫道猪病总不去，饲养管理谓命根"。

　　大连青岛游，"猪朋志友游大连，军港犹闻古硝烟。夜乘海轮烟台过，阅尽蓬莱自喻仙。驱车南下青岛赏，太清宫偎崂山边。景色怡人意不在，心忧猪场无线联"。

张伟力教授的"滚滚长江东逝水，浪花淘尽猪种。是非成败靠火攻，黑猪依旧在，几度全球通；白膘里脊将煮上，看绽春雪秋霜。一碗红肉喜相逢，古今多少肉，都付肥油中"。

"罗马回望绣成堆，桅顶千帆次第开。一船黑猪妃子笑，无人知是皮萨来。""最美不过夕阳红，放猪最从容。公猪是水里的龙，母猪是山上的凤。品种是祖国的荣，风味是中华的浓。"

除了诗赋，最为流行还数民间对联，中国的传统文化之一。对联又称对偶、门对、对子、桃符、楹联，是一种对偶文学，言简意深，对仗工整，平仄协调，字数相同，结构相同，是中文语言的独特的艺术形式，是中国传统文化的瑰宝，2005年，国务院把楹联习俗列为第一批国家非物质文化遗产名录。楹联习俗在全球使用汉语的地区以及与汉语汉字有文化渊源的民族中传承、流播，对于弘扬中华民族文化有着重大价值。在对联中以猪为对的不计其数，其中一部分是猪场或养猪公司的门联，最多的还是春联，按十二生肖纪年迎新猪年，家家户户都作上一对春联，当人们在自己的家门口贴上春联和"福"字的时候，意味着新猪年的到来，无论城市还是农村，辞旧迎新，增加喜庆的节日气氛。在这里，将与猪有关的对联罗列了一部分，给大家增添一丝喜气。

一年春作首； 六畜猪为先。 人开致富路； 猪拱发财门。

义犬守门户； 良豕报岁华。 巳呼迎盛世； 亥算得高年。

六畜猪为宝； 四时春最新。 生财猪拱户； 致富燕迎春。

亥时春入户； 猪岁喜盈门。 亥来四季美； 猪献满身肥。

农户百猪乐； 神州万象新。 守家劳玉狗； 致富有金豕。

守家夸玉犬； 致富赞金猪。 在圈常安卧； 入禅不待招。

阳春臻六顺； 猪岁报三多。 财神随岁至； 豕崽拱门来。

狗守太平岁； 猪牵富裕年。 虽属生肖后； 却居六畜先。

看猪大似象； 视漏贵如金。 春新猪似象； 世盛国腾龙。

春丽花如锦； 猪肥粮似山。 养猪能致富； 放鹤可延年。

养猪能致富； 有志莫忧贫。 猪为六畜首； 农乃百业基。

猪为六畜首； 梅占百花魁。 猪是农家宝； 龙为中国根。

猪大能如象； 肥多可胜金。 猪是家中宝； 肥是地里金。

猪肥家业盛； 人好寿春长。 猪肥家业旺； 春好福源长。

猪肥粮茂盛； 民富国昌隆。 猪年春意闹； 龙舞国威扬。

猪拱门如意； 鸡鸣岁吉祥。 猪拱财源旺； 龙腾国运昌。

猪崽一窝乐； 山花四季香。

人逢盛世情无限； 猪拱华门岁有余。

人增福寿年增岁； 鱼满池塘猪满栏。

大圣除妖天佛路； 天蓬值岁兆丰年。

巳有长风千里志； 亥为二首六身形。

丰稔岁中猪领赏； 新台阶上步登高。

天好地好春更好； 猪多粮多福愈多。

犬过千秋留胜迹； 亥年跃马奔小康。

牛马成群勤致富； 猪羊满圈乐生财。

巧剪窗花猪拱户；妙裁锦绣燕迎春。

吉日生财猪拱户；新春纳福鹊登梅。

名题雁塔登金榜；猪拱华门报吉祥。

花香鸟语春无限；沃土肥田猪有功。

衣丰食足戌年乐；国泰民安亥岁欢。

戌年引导小康路；亥岁迎来锦绣春。

戌岁乘龙立宏志；猪肥万户示丰年。

另外，在人民群众吟唱有关猪的歌曲也不少。当今最流传较广的为《猪之歌》，是由毛慧作词作曲的。《猪之歌》旋律清幽，很有超脱"江湖"的味道，容易让青年人与歌曲产生共鸣。2005年12月，香香演唱的《猪之歌》跻身美国iTunes全球音乐下载销量排行榜第四、五位，颠覆了欧美歌曲独霸排行榜的格局，香香成为亚洲歌手获国际权威数字音乐销量排行榜成绩最好的歌手之一。

猪 之 歌

演唱：香香   毛慧 词曲

1=F 2/4
♩=68

(3232 356 | 213 056 | 322 221 | 162 2 | 3232 356 | 213 056 | 3221 165 |

2- | 2- | 2-) 5 0517 | 66656 | 1616 165 | 6536 5 | 5 0517 |
　　　　　　　　　　猪　你的鼻　子有两个孔, 感冒时的你还挂　着鼻涕牛牛, 猪　你有着

66656 | 1616 165 | 65632 ‖: 5 0517 | 66656 | 1616 1165 |
黑漆漆的眼, 望呀望呀望也　看不到边。　　猪　你的耳　朵是那么大, 呼扇呼扇也听不到
　　　　　　　　　　　　　　　　　　　猪　你的肚　子是那么鼓, 一看就知道　受不

65532 | 5 0517 | 66656 | 66656 | 16611 | 1·6 1615 | 5·32 |
我在骂你傻, 猪　你的尾　巴是卷又卷原来　跑跑跳跳，　　还离不开它，　哦!
　　　　　　　　　　　　　　　　　　　(1 61 6 61·)
了生活的苦, 猪　你的皮　肤是那么白上辈　子一定投　在　了富贵人家，　哦,

212 2 | 3232 321 | 213 3 56 | 3 2 | 211 | 166 2 | 3232 321 |
§1猪头脑猪猪身　猪尾巴, 从来 不　挑 食的 乖娃娃, 每天睡到日晒
　　　　　　　　　　　　　　　(3 2 2 2)
§2传说你的祖先有 八 钉耙, 算命 先生说他命中 犯桃花, 见到漂亮姑娘就

211 | 356 | 32·2 | 2 056 | 2·1 1 | 1- (5 5512 | 231 15· | 2152 21· |
三 杆 后从不 刷牙，　从不 打架。　　　　　　　　　　　　　　　　　　　　　
(2 1 6 3)
嘻嘻哈哈 不会⊕脸红，　不会

1221 1715 | 5·5 5·7 | 717 751 | 5415 541 | 1- | 00): 2·1 1 | 1- | 1·23
害怕。　　　　　　　　　　　　　　　　　　　　　哒 哒哒

56 1·5 | 556 165 | 523 | 1·23 | 56 1·5 | 556 165 | 51·1 |
哒哒哒! 哒 哒 哒哒哒 哒哒哒! 哒哒哒 哒哒哒! 哒 哒哒哒哒 哒

1·23 | 56 1·5 | 556 165 | 523 | 1·23 | 56 1·5 | 556 165 |
哒 哒哒 哒哒哒哒! 哒 哒哒哒哒 哒哒哒! 哒 哒哒 哒哒哒 哒 哒哒哒哒哒

51·1 | 6·5 532 | 212 2 | 32·056 | 32·056 | 2·1 1 | 1- |
哒! D.S.1打架 哦!　哦! D.S.2脸红, 不会 害怕, 你很 想 她。

　　《小猪歌》是一首由陈曦作词、董冬冬作曲、郭子睿演唱的一首歌曲，是动画电影《年兽大作战》的插曲，魔性十足、热情洋溢，很受人们喜爱。歌词是这样的：

　　　　　　你是我的天
　　　　　　你是我的地
　　　　　　你是我的阳光还是空气
　　　　　　鱼离不开水呀羊离不开草地
　　　　　　就像我一刻也离不开你

　　　　　　啊啊　　没有办法
　　　　　　啊啊　　没有办法

　　　　　　爱你爱你　　爱你的淘气
　　　　　　爱你爱你　　爱你的脾气
　　　　　　不知我何时爱上你
　　　　　　噢噢　　啊噢噢love you
　　　　　　Love you　Love you
　　　　　　像猫咪爱上鱼

Love you Love you

像老鹰爱小鸡

只要我天天见到你

噢噢　啊噢噢　爱着你

爱你爱你　爱你的淘气

爱你爱你　爱你的脾气

不知我何时爱上你

噢噢　啊噢噢

爱着你

《快乐小猪》是一首中国儿歌，节奏欢快，朗朗上口、语言活泼，歌词丰富、简短，易学易懂，是培养孩子乐感和审美的重要途径，深受广大小朋友和家长的喜欢。其中蕴含着丰富的自然知识和生活常识，是帮助孩子认识事物、了解世界的渠道之一。《快乐小猪》已经成为幼儿园早操律动曲目，并成为流行的少儿舞蹈歌，让宝宝在轻松、欢快、自然的状态下，聆听歌声，快乐运动，感受音乐魅力，健康地成长。

《快乐小猪》歌词为：

小事从不在乎

大事从不糊涂

我是一只聪明的快乐的小猪

常常感恩知足

工作不要太苦

健健康康才是我最爱的礼物

朋友好好相处

不要计较付出

我是一只善良的可爱的小猪

天天大声唱歌

偶尔打打呼噜

嘻嘻哈哈从不会轻易地发怒

扭扭屁股

快乐小猪

每分每秒都过得舒舒服服

伸伸懒腰

快乐小猪

我要你也像我一样幸福

《小猪小猪肥嘟嘟》是传唱很广的儿歌，也是伴随很多人一起成长的经典儿歌，更是一首非常适合小朋友的启蒙歌曲。还有"猪流感之歌""疯狂的猪""三只小猪"以及汶川大地震后出现的"猪坚强"流行语及"猪坚强之歌"都是新时期猪文化流行的一种表现。

在宋代，荣昌被誉为"海棠香国"，荣昌唐朝设县，距今1 200多年，张大千诗云："天下海棠无香，独吾蜀昌州有香"，现今是重庆最西边的一个区，这里的折扇、陶艺、夏布、荣昌猪是四宝，尤其是荣昌猪享有盛誉，这里是国家畜牧科技示范核心区、畜牧科技城，年产仔猪300万

头以上，是全国有名的养猪大县，"这里的荣昌猪比人有名"。这里人们在长期与猪共同生活的过程中，创作了很多首猪的歌曲，在民间广为传唱，荣昌清河镇农民黄常准，是当地民间技艺传承人，会唱上百首关于猪的歌曲。

在中国民间还常常流传很多关于猪的民歌民谣，如养猪谣、猪病谣、养猪歌等，以表达人们对养猪市场行情、养猪技术、猪病防治等不同方面的感受，朗朗上口。在这里也选择几句仅供欣赏：

市场好了你不要赶，赶了跟上净赔钱；
市场不好你不要懒，身懒挣不了养猪钱。
市场好了养大猪，猪越大来越挣钱；
市场不好养小猪，没有猪，咋挣钱？
猪好养来也有险，防疫是它的生命线！
忽略防疫看没啥，猪身系上定时炸弹。
养猪防疫讲个早，无病早防要超前；
小病早治效益佳，小钱挖走大灾难。
自繁自养能防疫，长途采购担风险；
别听广告吹得美，劣种病源里边掺。
封闭饲养最科学，疫病传染路截断；
虽然设备成本大，换来保险与安全。
养猪男，养猪难，养猪男人心发酸。
当初看人养猪赚，轮到我养却赔钱。
千般苦，万般难，听我从头说一番。
整日生活在猪圈，浑身恶臭惹人嫌。
猪流感，又拉稀，腹泻咳嗽没个完。

猪一生病心似煎，打针喂药不能闲。

找兽医，请专家，各种药物喂个全。

金钱大把往外散，猪死依旧皆枉然。

外购种猪更玩完，死上几头算白干。

一心只想把猪养，最后落个泪涟涟。

身儿瘦，心里寒，眼前生死两可间。

曾道养猪终不悔，现实生活令人惭。

浑身臭，烂衣衫，出门到外惹人嫌。

亲朋好友言语戏，自觉无颜靠一边。

头发蒙，心头寒，风言风语似利剑。

夏日炎炎心头颤，见地有缝都想钻。

实无奈，把酒端，烈酒大口嘴里灌。

亲朋好友也依然，一夜出酒三五番。

夜苦长，入睡难，件件往事涌心间。

上学也曾占过尖，美好前程在眼前。

师长夸，同学美，自觉良好心头欢。

自从踏上养猪路，一切美梦全玩完。

原料涨，猪价落，大小猪病紧相连。

赶上机会弄几万，遇到欠钱久不还。

租土地，盖猪圈，费心劳神还花钱。

猪场建好要进猪，还要考虑饲料款。

养猪苦，说不完，谁想养猪仔细参。

养猪业，钱难赚，需要技术和金钱。

日月如梭又一年，养猪的猪盼过年！

人人养猪把钱赚，快乐养猪似神仙！

八

猪字猪语
何其多

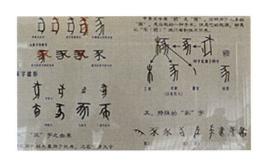

民俗文化具有传承性，倘若不能与民众的现实生活保持血肉联系，就会逐渐被淘汰。猪作为六畜之一，是民俗文化中的一个重要元素，不仅在物质生产活动方面与人类生活密切相关，在精神文化上也被赋予了丰富的内涵，伴随着人类生产力水平的提高，认识的深化，"猪"在民俗文化中以不同形式得以表现。在民间到处都可窥见"猪"的身影，生命力保持旺盛，中国民俗文化中浓墨重彩的一笔，猪与人们日常生活紧密结合，猪名、猪语、猪事、猪趣、民俗在民间层出不穷。

猪在我国古代有许多别称：

豕，就是猪，《急就篇》："六畜蕃息豚豕猪。"颜注："豕者，彘之总名也。"即，豕是猪的总名。

亥，就是猪，甲骨文、金文中与"豕"似，均像猪形。上为头，下为尾，腹部朝左，清·朱骏声《说文通训定声》："亥即猪"。后世，被用为地支的第十二位，并在十二属相中代表"猪"，仍由其本义而来。

豚，就是猪，甲骨文中像头朝上，尾朝下，腹朝左的一头猪，后引申指小猪，如《说文》："豚，小豕也。"正是在这个意义上，旧时用"豚儿"作为谦词在交际场合指称自己的儿子。

彘，就是猪，在甲骨文中，

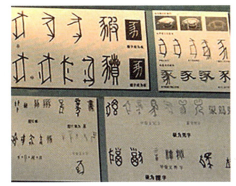

像豕身被箭射中之貌，用以指野猪。在商代人们的心目中，野猪大多是被箭射中之后才能获得，所以用这样的构形表示，也指家猪，《说文》："豟，猪也。"《商君书·兵守》："使牧牛马羊彘。"《扬子·方言》：猪，关东西或谓之彘，或谓之豕"。《汉书·五行志》："凡言豕者，豭之别名"。

根据猪的体重大小阶段和性别，还有很多名称，如"腞""豨"，这里不一一赘述。猪还有许多有趣的戏称，如因面部黑色而称"黑面郎"。宋代孙奕《示儿编》："猪曰长喙参军、乌金。""参军"是古时官名，猪因喙长，故戏称。还有一种称法叫"糟糠氏"，乃因猪以糟糠为食，故称。宋代陶谷《清异录·兽》："伪唐陈乔食蒸腞，曰：'此糟糠氏面目殊乖，而风味不浅也'。"

　　"猪"这个字，本由"豕""者"组成，者是现在"煮"的原字，是描写在火炕"灶"上燃烧木材，防备热量散失，含有"集中而塞满"之意，由此"猪"意味着肥胖圆满的样子。

　　人类言语是符合于并相应于一定的人类生活形式的。"猪"用之广，分类之详，命名之精，由此产生的"猪"语之丰富，反映了猪与人们物质和精神生活密切相关。到了现代，关于猪的这些原始性语言逐渐消失，替代之的为《简明汉语义类词典》所收录的猪名词，如猪肉、猪蹄、猪鬃、猪锣（方）、母猪、公猪、猪仔、猪秧子。

　　古今用"猪"作姓或名的实在太少，仅见春秋时曾有"豮""豳"姓，当然百家姓中是没有的，用在名字上也是民间小名。

　　猪在民间习俗中常作为一种吉祥物表祝福。以猪为题材的剪纸数不胜数，肥猪拱门的窗花就是其中

的一种。它被作为一年中招财进宝的重要吉祥物。猪也常在考试前作为吉祥物出现。古时，家中如果有考生，那么年画《雁塔题名》一定是少不了的，画的内容是一只显露四蹄的母猪。在赶考前，亲友们也会将红烧猪蹄赠予考生，这是因为新晋进士要到大雁塔用朱笔题名，因此，赠送猪蹄，有祝愿"朱笔题名"之意。

猪的肥头大耳是福气象征。老子，姓李名耳，字聃。《说文》云："聃，耳曼也"，段玉裁注"耳曼者，耳如引之而大也"。乐府《长歌》："仙人骑白鹿，发短耳何长。"《三国演义》中刘备"两耳垂肩，双手过膝"。

但在南方特别是四川、重庆、贵州等地，还有很多歇后语，如说人少见多怪或不识货："猪儿吃不来细米糠"讥讽人装模作样；"猪嘴上插葱，装象"，指人外表装憨，其实不傻；"装猪吃象，心头明亮""猪困长肉，人困卖屋"。

古时以猪起地名的地方较多，不过现在基本未保留原样，多依据地名谐音换名趋向雅化，如北京的梅竹胡同（原母猪胡同）、珠市口（原猪市口）、智义伯大院（原猪尾巴大院）、珠八宝胡同（原猪巴巴胡同），等等。

因猪行业而衍生的隐语行话、江湖黑话在民间也很多，一

方面，猪是勇敢忠厚诚实宽容的象征，另一方面，猪又代表着愚昧好色贪吃肮脏。从民间的俗语中可以看出猪的双重性，如黑官叫亥官，还有"猪头""猪脑""猪下水"之称。骟猪的"线猪"，有"冒花""海底""第子"，"条子""把子"。在这些猪俗语中也有忌讳，因不能跟"折本"的"折"字关联，猪舌叫猪利、招利、猪口赚、赚头、口条、门枪等；因不能与穷"干人"的"干"字相关，猪肝不叫猪肝，叫猪润、猪湿。更有关于猪俗语忌讳的有趣故事，把猪尾巴叫"摇笑"，猪舌头叫"门枪"，据说这个词的故事为，朱元璋攻破苏州城，有一天，带着刘伯温等众多兄弟，到店里喝酒，见酒店的大菜盆里盛放着猪舌头、猪尾巴，烧得浓油赤酱，触鼻喷香，想尝尝这味道。于是突然指着那大菜盆里，问刘伯温："这是什么？"刘是聪明人，这猪舌头、猪尾是极普通的菜，岂用问我？转身一想，朱元璋姓朱，如若直说，他一定不会高兴，何况朱元璋快要登基称帝了，这是一个大忌讳，无论如何不能直说。于是，刘伯

温的脑筋一转，就用筷子指着盆中猪舌，笑着说"这是门口的一支枪，叫做'门枪'。"朱元璋点头表示满意。刘伯温又指着猪尾巴说："畜牲在高兴时，只会摇着这个，就算是笑，这个叫'摇笑'。"朱元璋听罢，不觉哈哈大笑，说道："军师说得对，说得好，这真是叫做'门枪''摇笑'！"自此流传至今。民间还有：猪魈称"猪怪""猪精"；猪膀胱称"猪尿泡""猪胞""猪尿脬""猪脬"；小猪称"猪牙子""猪仔""猪娃""猪娃子"；母猪称"猪婆""猪婆子""猪娘"等。

猪词猪语：

牧猪奴戏	人怕出名猪怕壮	猪卑狗险
猪突豨勇（豨：野猪）	狼奔豕突	封豕长蛇
豕交兽畜	猪欠狗债	猪朋狗友
一龙一猪	行同狗彘	信及豚鱼
杀彘教子	牧豕听经	见豕负涂
狗彘不食其余	狗彘不若	

有关猪的歇后语：

宰猪的弄一身血——红人

猪八戒的嘴——就知道吃喝

猪八戒赶考——冒充人才

猪八戒进屠场——自己贡献自己

猪八戒进了女儿国——看花了眼

猪八戒戴耳环——自以为美

猪八戒的武艺——倒打一耙

猪八戒三十六变——没有一副好嘴脸

猪八戒相亲——怕露嘴脸

猪八戒西天取经——三心二意

猪八戒不成仙——坏在嘴上

猪八戒摆手——不伺猴（候）

猪八戒拱帘子——嘴先进

猪八戒掉进万花筒——丑态百出

猪八戒照相——自找难堪（看）

猪八戒照镜子——里外不落人

猪八戒摔镜子——怕露丑

猪八戒买猪肝——难得心肠

猪八戒招亲——黑灯瞎火

猪八戒充英雄——只是嘴皮子拱得欢

猪八戒招亲——黑灯黑人

猪八戒卖凉粉——样数不多，滋味不少

猪八戒的嘴巴——自我欣赏

猪八戒啃地梨——什么仙人吃什么果

猪八戒戴花——越多越丑

猪八戒吃猪蹄——自残骨肉

有关猪的谜语：

（1）耳朵像扇子，鼻子大又圆，身子肥又矮，吃饱只会睡。

（2）好吃懒做舒胖子，人人说它蠢得死。

  十二生肖排最末，手脚不快最爱磨。

（3）肥头大耳，有来有去。

  得过且过，富贵花开。

（4）耳朵大，尾巴小。顿顿吃饲料，天天睡大觉。

(5) 胖胖黑面郎，尾巴节节香。

　　吃喝玩乐，出生入死。

(6) 耳大身肥眼睛小，好吃懒做爱睡觉，

　　模样虽丑浑身宝，生产生活不可少。

(7) 一位胖元帅，耳大肚子圆。天天睡懒觉，爱吃剩饭菜。

　　四肢短，身体肥，有事没事哼哼叫。

　　肥胖小子长得丑，好吃懒做不爱走。

九

十二生肖
猪属相

中国传统文化思想浩瀚无边，博大精深，老子、庄子、孔子、孟子、荀子等先哲智慧，至今让人尊崇。那时没有现在这样的计算机科技等信息系统，甚至连文字资料都缺乏，先人们靠的是静坐河边山谷、听风看雨、观天察云，看鸟雀飞翔，听自然诉说，感悟大自然的神奇，探索宇宙布局运行及至精密平衡的系统的规律，沉淀了经天纬地的哲学思想和科学理论，十二生肖就是其中之一。

十二生肖作为中国传统文化的代表被打上了深深的人文烙印，每种生肖的入选都是有理有据的，它们或是人类敬畏的对象，或是与人类生活密切相关的动物，虽然现代科学还无法对十二生肖理论进行测度分析，而且西方的科技文化与中国传统文化又大相径庭，相差很远，但它确是一种几千年来博大精深的文化，是一种非常精微的理论，这种伴随着人类生活的特殊文化不但只在中国，其他国家如印度、埃及、希腊、日本、蒙古国等都类似存在。十二生肖来源于特定动物纪时、纪年的"兽历"传统理论，即使到了今天计算机技术普及的时代，这种"兽历"古老智慧仍然未失去其现实作用，还在广泛流行。由于古人对动物崇拜，古风犹存，积久则对动物神秘化，前蜀人冯鉴《续事始》说，十二

生肖由轩辕黄帝所创，后来逐渐完善，经久不衰，流传至今。猪作为六畜之一，不仅在物质生产活动方面与人类生活密切相关，在精神文化上也被赋予了丰富的内涵，伴随着人类生产力水平的提高，认识的深化，"猪"在民俗文化中以不同形式得以表现。

十二生肖，又叫属相，是一个生肖群体，这个群体涉及我国古代一套专用于纪录时间的序数系统，即天干地支理论，十二生肖是十二地支的形象化代表，相配以人出生年份的十二种动物，即子（鼠）、丑（牛）、寅（虎）、卯（兔）、辰（龙）、巳（蛇）、午（马）、未（羊）、申（猴）、酉

（鸡）、戌（狗）、亥（猪）。随着历史的发展逐渐融合到相生相克的民间信仰观念，卜测婚姻、人生、运程、取舍等，每一种生肖都有丰富的传说，并以此形成一种观念阐释系统，成为民间文化中的形象哲学，如婚配上的属相、庙会祈祷、本命年等。现代，更多人把生肖作为春节的吉祥物，成为娱乐文化活动的象征。十二生肖文化现象，渗入生活的各个层面，它是一份庶俗文化，不识字的老妪、山民也会侃谈什么子鼠、丑牛、亥猪，来推算年龄评判男女婚嫁。为什么猪会排在十二生肖之末呢？多数人认同这样的观点：生肖与天干地支紧密联系，

生肖的排列与其出没的时间和生活特征息息相关。每一种动物代表了一个时辰，十二个时辰依次排序为：子、丑、寅、卯、辰、巳、午、未、申、酉、戌、亥，亥时指的是晚上九点到十一点，这时万籁俱寂，猪也处于酣睡之中，由于它发出的鼾声最为响亮，全身肌肉的抖动最为厉害，所以亥时对应猪，猪也就因此被排在生肖之末。又因为猪在某种程度上是家的象征，有回归的内涵，把猪放在末尾体现了人们对于家和归宿的重视。猪是与人类关系最密切的家养动物，是我国十二生肖之一，亥（猪）是地支的十二位在，生肖属相中排列最后，是压阵之物，猪的性格：勤劳质朴、不好争论、为人勇敢、待人诚实，不爱考究深度、追求物质，通常吉星高照。

生肖作为悠久的民俗文化符号，历代留下了大量描绘生肖形象和象征意义的诗歌、春联、绘画、书画和民间工艺作品。在考古发掘中，曾出土十二生肖中的猪俑，证明了在3 000年前古人已应用天干地支。赵大川老师考证认为《西游记》中天蓬元帅猪八戒的原形是十二生肖猪。在中国和世界许多其他国家还有很多猪生肖的雕刻文物、发行的邮票等，反映了人们生活与猪生肖关系密切。

猪属水性，同"潴"，猪的习性乃至经济价值，久为古人认识，如《易经·说卦》指出："坎为泵、坎为水，为沟渎"之说，猪为"水畜"。《埤雅》："坎性趋下，豕能俯其首，又喜卑秽，亦水畜"，也是对猪的特性的认识，猪喜好卧水散热，也是野猪遗传的天性，为古今共识，由此亦可见猪性好水。

在生肖属相的书中，对属猪的人有很多描述，其性耿直无弯曲，能向直中取，不可曲中求，心如洁白，无雅量，外观稳重，内心刚毅，好财，好批评他人是非，无忍耐性，依靠性强，不善交际，头脑比较冷静，无论自己遇上多么困难的事情，总能细心、耐心处理。至于人缘方面，待人接物都比较热情，所以会有很多的朋友，当遇上难题时，会有一群好友来帮助他们，另一方面，他们做事必定亲力亲为，不论何事他们都很负责地去执行，直到完成为止。

属猪的人，他们强壮又温馨，通常也很富有，他们在生活所能提供的美好事物中，最喜欢奢侈享受，他们沉溺在舒适的生活中，处处显露出他们的高级品味。

属猪的人若在少年时期受过多次挫折，当他们长大后就会积极工作，以求安全感。

属猪的人热爱文化与知识，但不善言辞，较为沉默寡言，他们常在意志上表现颇佳，而且知道在交涉与利益有关的事时，为自己而争取，但是，私底下却难以开口拒绝。

属猪的人缺点是太容易发怒，他们常在转眼之间从一位心平气和、眉开眼笑的人，变成怒气冲天的家伙。此时，食物是唯一的良方。他们是一群天真烂漫、开朗温和的人。这种性格最好不要太相信别人，可是他从不会怀疑别人，所以很容易上当。做事非常专心，一旦决定的目标，便会将全部的精力投入。属猪的人虽然不会拒绝别人办事的请求，可是自己绝不肯求别人帮助。所以对他们不诚实，无法了解属猪人的内心想法的，将无法与他长期交往下去。

属猪的男性对待爱情缺乏主动，只肯充满幻想，常希望拥有一段热烈的恋情，但却不懂寻找之道，常令他有落寞的感觉。由于常被欺骗和愚弄，故会对恋爱会采取自我保护措施。他有很重的家庭观念，绝不拈花惹草，遗憾的是，多数情况下，不善于表达，有可能令妻子、儿女常误会自己。

在男士眼中，属猪的女性温柔、善良，感情丰富，是个可爱的恋人，令男士很想保护及爱她，所以颇得男士的喜爱。但另一方面，在骨子里也有着不羁及倔强的个性，只是不表现出来，太懦弱及太感情用事都是她的缺点。在婚后她们会很顾家，喜欢被人照顾。

属猪的人最配生肖，第一：虎亥猪与寅虎六合，因此最宜找个属虎的对象，此乃上上等婚配。"白虎黑猪上等婚，男女相合好成亲，钱财丰富百事顺，人口兴旺有精神"。第二配是属羊，兔。

十二生肖还有地名和集市场期，过去，在云南、贵州可见到很多生肖地名，甚至民间赶集（赶场、赶墟、赶街）纪日，集市以12天为一期，分别叫鼠场、牛场……如贵州安顺、毕节、黔南和云南曲靖、昭通等地。有的采取同音地名，如"珠场、朱昌、珠街"等，这种生肖地名或集市场期名取用于人类较早的十二种动物纪时习俗，有很浓

厚的原始性。

猪年出生名人：

赵匡胤（927—976年），宋太祖，宋朝建立者，字元朗，小名香孩儿、赵九重。涿州（今河北涿县）人，生于洛阳夹马营。五代至北宋初年军事家、武术家。

包拯（999—1062年），或称包文正，字希仁，庐州合肥（今安徽合肥肥东）人，北宋官员，以清廉公正闻名于世。宋仁宗天圣朝进士。其黑面形象，亦被称为"包青天""包黑子""包黑炭"。上至贵戚富豪，下至恶棍流氓，没有谁不怕他。人们创作的《铡美案》《打龙袍》影响至深，流传千古。

王冕（1287—1359年），元朝诗人、画家，字元章，号著石山农等，诸暨人，著有《南风热》《伤亭户》《冀州道中》《盘车图》等。他的画和刻，皆负盛名；尤善画墨梅石竹，往往通过对梅花冰洁的歌颂来表现自己的孤傲高洁。

刘基（1311—1375年），字伯温，明初大臣，文学家，青田（今浙江）人，故称刘青田，元朝进士，元末明初的军事家、政治家、文学家，明朝开国元勋，中国民间广泛流传着"三分天下诸葛亮，一统江山刘伯温；前朝军师诸葛亮，后朝军师刘伯温"的说法。他以神机妙算、运筹帷幄著称于世。

郑和（1371？—1433年），明朝人，原姓马，名和，小名三宝，又作三保，云南昆阳（今晋宁昆阳街道）宝山乡知代村人。中国明朝航海家、外交家。郑和有智略，知兵习战。1405—1433年，郑和七下西洋，完成了人类历史上伟大的壮举。1433年4月，郑和在印度西海岸

古里国去世，赐葬南京牛首山。

蒋介石（1887—1975年），名中正，字介石。幼名瑞元、谱名周泰、学名志清。浙江奉化人，曾就读于保定军官学校和日本陆军学校，在日本加入同盟会。他受孙中山赏识而崛起于民国政坛，在孙中山去世后长期领导中国国民党达半世纪，1975年4月5日，在台北逝世，他是中国近现代史上的一个关键人物，他的政治生涯对中国近现代史的进程产生过重要影响。

瞿秋白（1899—1935年），又名霜，号秋白，江苏常州人。中国共产党早期主要领导人之一，伟大的马克思主义者，卓越的无产阶级革命家、理论家和宣传家，中国革命文学事业的重要奠基者之一。1923年，主编中共中央机关刊物《前锋》，参加编辑《向导》。最早将《国际歌》译成中文。1935年2月在福建长汀县被国民党军逮捕，6月18日就义。

方志敏（1899—1935年），原名远镇，乳名正鹄，号慧生。江西上饶市弋阳漆工镇湖塘村人，中国共产党杰出的革命家、政治家、军事家、农民运动领袖，土地革命战争时期闽浙（皖）赣革命根据地和红十军团的缔造者。1935年在江西与国民党作战时被捕。写有《清贫》《可爱的中国》《狱中纪实》等。

老舍（1899—1966年），原名舒庆春，另有笔名絜青、鸿来、非我等，字舍予，满族人，自幼生长在北京，毕业于北京师范学校，中国现代小说家、著名作家，杰出的语言大师、人民艺术家，新中国第一位获得"人民艺术家"称号的作家。代表作有《骆驼祥子》《四世同堂》，剧本《茶馆》。

聂荣臻（1899—1992年），字福骈，四川江津人。久经考验的无产阶级革命家、军事家，党和国家的卓越领导人，中国人民解放军的创建人之一，中华人民共和国元帅，中华人民共和国的开国元勋，深受全党、全军、全国人民的尊敬和爱戴，1955年被授予元帅军衔，曾获一级八一勋章、一级独立自由勋章、一级解放勋章。1992年5月在北京逝世，享年93岁。

钱学森（1911—2009年），汉族，生于上海，祖籍浙江省杭州市临安。毕业于国立交通大学机械与动力工程学院，世界著名科学家、空气动力学家，中国载人航天奠基人，中国科学院及中国工程院院士，中国两弹一星功勋奖章获得者。2009年10月31日在北京逝世，享年98岁。

十

石雕木刻
猪富贵

我国石雕石刻的历史悠久，迄今人类包罗万象的艺术形式中，没有哪一种能比石雕更古老了。一般选用花岗石、大理石、青石、砂石等坚硬耐风化石材，经能工巧匠精雕细刻而成，天然石如今被人们广泛利用，以自然为美，是具有空间可视、可触的艺术，文化艺术综合价值极高，赋予了灵魂，借以反映社会生活、表达艺术家的审美感受、审美情感、审美理想的艺术，人们喜闻乐见、经久不衰。

　　关于猪雕刻，反映了人与猪的和谐可亲。古往今来人们对猪的体验和心理感受与其他动物不同，憨厚、可爱、质朴、真实，这是猪本身给人的心理效应，也是猪雕塑所具有的特定意义。

　　猪是吉祥之物。猪肥头大耳，长着一副圆乎乎、胖墩墩的老实相，猪在百姓心目中是最老实安分的家畜，于我们的日常生活有着不可分割的联系，同时猪也是催官运、助学业的好帮手，所以猪图案被人们运用于各种雕刻中，展示出猪文化特有的韵味。随着猪文化的盛行和认知度提高，猪的雕刻有很多，有玉石、玛瑙、石质、木质等。

　　翡翠玉石细腻有光泽，给人滋润柔和之感，大部分猪形雕刻品做工精细小巧，萌动可爱，很有观赏价值和保存价值，主要作为馈赠礼品，特色旅游的纪念品，工艺玩赏品和收藏品，生日礼品等。特别是呆呆的小萌猪，用作小孩子的饰品，精巧极致。古代进士任官后，就要请书法家用"朱书"题名于雁塔上，猪谐音"朱"，猪蹄的蹄又谐音于"题"，合起来就是金榜题名的意思，象征学子学业有成、金榜题名。

木雕猪，以椴木、桦木为主，在中国传统文化里，因为猪外形富态，所以猪被赋予了很多吉祥的寓意。主要作为家庭、办公室等艺术装饰品。

在众多的雕刻艺术品中，最为普遍的要数石雕。主要见于猪场、街道、公园等场所。猪的寓意是很多的：如猪肥头大耳，长着一副富态之相，浑身是宝，加上猪在我国传统文化中也是财富的象征，所以寓意财神护佑、大富大贵、财源滚滚、财富用之不尽等，常说富得像肥猪流油；猪是家畜中长得最快也是最好生养的一类，寓意多子多福；

对于猪我们也许会用温顺老实来形容，但是猪的本性是勇敢、擅长搏击的，只是长期圈养在室内而变得温驯了，像野猪就是性情刚烈的，所以猪也象征勇敢、勇往直前，可以护佑学子学有所成；猪易养，是六畜之首，一年比一年大，也寓意官运亨通，节节高升。

位于河北邯郸市永年区的朱山植物园，有座山峰名叫"猪山"，内有河北最早的西汉石刻之一——猪山石刻。"猪山"又因山石多为红色，也称"朱山"，故也叫"朱山刻石"。被誉为"中华摩崖石刻鼻祖"。石刻内容记载了汉高祖刘邦之孙赵王遂与群臣在朱山饮酒应对的情景。传

说因山顶有猪槽而得名。道光年间大名知府沈涛《交翠轩笔记》卷一载："永年县西六十里娄山，一名狗山。旁有小阜，俗名猪山。"

重庆荣昌区是重庆市的"西大门"，被誉为"渝西第一县"，辖区面积1 097千米^2，荣昌畜牧科技优势突出。境内有西南大学荣昌校区、重庆市畜牧科学院等教学科研单位，是全国畜牧兽医科技人才密集的地方，是全国最大仔猪生产基地和外向型仔猪销售市场，也是西南地区最大的饲料、兽药集散地。经政府批准设立了中国畜牧科技城。荣昌猪驰名中外，已有400多年的历史，是世界八大优良种猪之一；荣昌猪现已发展成为我国养猪业推广面积最大、最具有影响力的地方猪种之一，因原产于重庆市荣昌区而得名，被列入全国著名地方良种猪，国家一级保护品种。荣昌猪，因憨态可掬、呆萌可爱而被当地人称"熊猫猪"。根据它的特征，人们描绘为"狮子头、黑眼膛、罗汉肚、双脊梁、骡子屁股、尾根粗、嘴短三道箍"，堪称"荣昌的珍宝"。荣昌人民特别喜爱猪，猪渗透入荣昌的整个经济文化。当你走进荣昌城，到处都能感受到猪的

文化元素，在城中猪的石雕堪称一绝，城中有一条荣峰河，在河的两岸有一条以猪为题建设的"猪文化长廊"，雕、刻、塑三种创造方法结合，精雕细琢了"和谐""可爱""婴戏""良缘""福缘""母子情""英雄妈妈""吉祥福禄""科学养猪""人生如意""八戒醉酒""福禄双至""百福百

财""禧在眼前"，等等。人类情感的表达，最为珍贵。猪性情温和，憨态可掬，又诚实忠厚；且能能吃能睡，被视作富态、有福的象征。这些能工巧匠让一块普通的石头，变得不普通，这就是雕刻师的技艺体现，让荣昌不但有现代畜牧业高科技的支撑，更是有现代艺术氛围和深厚的历史文化底蕴的展现。

十一

丰富多彩
猪节日

长期以来，在国际上或者中国，都有定期或不定期的畜牧业会展，现在已发展为专门的猪业会展"猪博会"，通过这种贸易流通、文化交流，大大推动了养猪业的科技提升、文化进步。《巴拿马赛会直隶观会丛编》中记载"四川者，为各种油类与猪鬃"，证实四川猪鬃作为特产在1915年巴拿马赛会的中国农业馆展出，当时四川是养猪大省，有"川猪满天下"之说。之后，会展越来越多，规模也越来越大，内容也越来越丰富。现在世界各地都有大规模的集种猪品种、设备设施、兽药保健、饲料营养、粪污工艺、猪业产品等一体的"猪业博览会"。

另外，赛猪会或猪文化节是世界上很多地方都要开展的活动，特别是在中国，是得以传承发扬的一种民间习俗，是以猪为主体的文化盛典，全国各地各民族形式有所不同，丰富多彩，种类繁多，具有不同特色，有的规模盛大空前，热闹非凡，精彩纷呈，有的还有特色祭祀活动，但主要是特色产品展示、宣传交流、商业贸易、文艺表演、游乐活动，多与老百姓的生活息息相关，多数地方是一年一度。

赛猪大会，在美国、德国、法国、东南亚等一些国家和地区

也是一项传统比赛活动。赛猪大会在美国广受欢迎，流传的说法是，赛猪起源于20世纪60年代美国的北卡罗来纳州，将比赛和博彩结合在一起，因此，猪的主人通常喜欢给猪起一些好听的名字，如佩吉（猪）小姐、史努比猪等。《巴尔的摩太阳报》报道，从每年2月圣安东尼奥马刺家畜展开始，到牛仔大会，持续到10月的南卡罗来纳州博览会，9个月的赛季期中，有大大小小的赛猪大会不下数十个。一位名叫约翰逊的训猪师，他连续参加了12年的赛猪大会。他开车带着18～22头猪到处"旅行"，有顶篷的卡车是猪仔的房车。约翰逊半开玩笑地说，"我没法实现去纳斯卡赛车的梦想了，但赛猪总比什么都没得赛来得好，我家经营着大农场，我从小就了解动物。"他养了几种不同类型的猪，白的、黑的和褐色斑点的，擅长往返跑的、冲刺的，喜欢游泳的，会跳栏的，各有所长。1984年，美国加利福尼亚州的格林维尔市成立了一个爱猪者俱乐部，章程要求，成立俱乐部是为了改变人们对猪的评价，宣传猪的可爱和聪明，猪的憨态，欢快的特性，已博得越来越多的美国人的喜爱。现在美国已把3月1日定为"全国爱猪节"，每年举行庆祝活动，举办化装舞会，在会上人们戴上各种各样的猪面具，进行妙趣横生的吻猪比赛。

　　法国南部的特莱苏巴西镇，是法国的一个偏远农庄小镇，村庄路标牌上写着"你来到了猪之国"。这里是欧洲最大的猪市场。这里，每年8月中旬都要举行"猪节"。节日的主要节目之一是学猪叫比赛，全法国和外国口技擅长者均可前往参加，

参赛者可以尽情享受香肠，还有猪崽比赛和模仿猪出生、吃奶时的吮吸声、公母猪交配时发出的声音、死亡及其他时候的猪叫声的竞赛，优胜者奖品为煮熟的整头大猪。每年都有很多参赛者和看客从法国甚至世界各地赶赴这里，各国媒体也会对"猪节"进行报道，大家在这里狂欢并赞颂他们心爱的猪，认为猪是地球上最伟大却容易被误解的动物，节日里还有给孩子们玩的小猪游戏。

在西方，有很多以猪为对象的文学作品和电影电视，比如美国、比利时、韩国、日本、澳大利亚等国的电影"夏洛特的网""小猪历险记""小猪进城""猪宝贝""红猪""飞猪海盗""一个人和他的猪""三只小猪""小猪佩奇"等已经成为世界流行的经典电影或电视。

世界各地还有多种不同的赛猪活动，包括美国、英国、澳大利亚等，比如美国北卡罗来纳州夏洛特市的肥猪比赛、休斯敦的家畜和牛仔表演赛（包括猪）、全阿拉斯加猪比赛（All-AlaskanPigRace）、英国诺森伯兰郡的赛猪比赛等，这些赛事的内容非常丰富，有跑步、跳水、游泳、障碍赛、"铁猪三项"，甚至球类比赛，非常有趣。

在广东潮汕地区和福建闽南地区，赛大猪是民间一种传统的庆丰年的仪式，与平时过年过节祈求五谷丰登、六畜兴旺等有同样的意义，只是其仪式之隆重，场面之壮观实为罕见，加之"赛大猪"的方式有着促进生产、繁荣经济的积极意义，逐步成为远近闻名的一大盛事。

赛猪的组织形式多样，但比赛规则相对简单，在一段设置有障碍的封闭赛程中，哪只猪先到达终点，便是胜者。过去的赛猪大赛，参赛者无非是爬爬楼梯，下洼地，现在还增加了跨栏、水障碍，如果猪不敢从2米台跳入水中，那主人也会因此蒙羞的。参赛的小猪都是百里挑一的短跑"健将"，它们个头小巧，鬃毛光亮，身材矫健，动作敏捷。据统计，赛猪的直线跑动能力可以达到43.2千

米／小时。现在，赛猪大赛也开始尝试增加新的内容，如中场休息时引入"斗猪"，与西班牙的"斗牛"相似。"赛猪会"都要评出不同等级的奖项，"猪大王""猪皇后"等。在活动中，多设置有趣味的游戏，如猪八戒背媳妇，现场男士戴上猪面具，背上一位女士，按规定赛程路段，以时间来排名；小猪萌萌哒，将卡通猪放置小猪互动区域，供游客参观拍照；小猪认养签订，游客签订小猪认养合同，承诺签约小猪成长过程不吃猪饲料，家养小猪；背猪跑跑乐，每名参赛选手背一头猪在规定赛道内，以时间为名次标准；千人全猪宴互动猜谜，游客畅享土猪宴的同时感受猜猪谜的乐趣。猪文化节已经成为万人的狂欢盛会，是一个祈求五福临门的节日，即"祈福、眼福、口福、幸福、纳福"，特别是台湾、福建等地，每年都蔚为壮观。

重庆荣昌是"荣昌猪"主产地，荣昌猪距今已有400余年历史，被畜牧界及社会各界公认为"国宝"猪，是我国地方优良猪种之一，也是荣昌县"四宝"之一。曾被载入英国《大不列颠百科全书》。1999年，中国重庆畜牧科技城在荣昌挂牌，在这里每两年举办一届中国畜牧科技论坛，同时每年也举办荣昌赛猪会，年年有新意，趣味横生，荣昌猪"选美"比赛吸引了众多选手踊跃参加，参赛者需提前报名，

由畜牧专家组成的专家评审团，深入荣昌的饲养场、农户，对荣昌猪进行海选，最终选出九十名入围，选手最后参赛时，评选出"猪明星"，专家评委从体质外貌、生长发育、繁殖成绩等方面进行综合评定，最后评出选美冠军"猪大王"和"猪皇后"。另外，荣昌"年猪文化节"举行的"猪歌PK赛""香猪美女""拱猪竞技赛"等活动已将猪文化赋予了新的标签，成为荣昌猪的一个文化品牌。

在中国畜牧科技论坛上，以荣昌猪为题材的卡通作品和动画片逐渐走进人们的视野，丰富着广大市民的生活。荣昌猪吉祥物——"荣荣"和"圆圆"与大家见面，得到海内外畜牧专家高度评价。"荣荣"和"圆圆"分别代表不同性别的荣昌猪的形象，凭借其活泼可爱的形象和丰富深刻的寓意深受评委专家组的青睐，在成都举办的全国休闲农业创意精品大赛上，荣昌猪吉祥物（"荣荣""圆圆"）脱颖而出，分别获得全国休闲农业创意精品大赛文化创意金奖。"幸福重庆号·魅力荣昌周"活动上，荣昌猪吉祥物"荣荣""圆圆"搭乘"幸福重庆号"飞机，飞上"蓝天"，实现了荣昌人民的梦想，真的让"荣昌猪"飞起来了。

我国很多生猪主产区都有举办不同形式的猪文化节。中国成都的年猪文化节十分壮观，踩高跷、杀年猪、舞狮表演、石磨豆

花、猜灯谜等传统节目让大家回归到传统过年习俗，现场的猪肉品尝更是开启舌尖上的盛宴。还有"香猪时装秀"等现代节目。同时还开展年猪祭祀大典，举办香猪产业发展论坛，现场嘉宾围绕"猪肉食品安全""生态养殖"

等话题进行讨论，让市民在体验传统文化的同时又增长了健康知识。这样的盛会是由成都传统文化保护协会、四川养生文化研究会主办，更体现了猪文化在人民生活中的地位。重庆（巴南）举办的年猪美食文化节已成为当地的一张名片。四川雅安有雨城年猪文化节，广西陆川也有陆川明猪文化节。这表明猪文化在我国仍然十分流行。

十二

猪礼猪事
多猪趣

猪礼：社交场中有以猪肉通亲和，国君以豚为礼，上古有用豚送礼的。《论语·阳货篇》："阳货欲见孔子，孔子不见，归（馈）孔子豚。"权势显赫的阳货送给著名学者豚，并想借对方回拜的机会见面。这说明按当时的标准来说，一只豚已经是很不错的礼物了。现在以猪肉送礼是一个非常普遍的事，或一块猪肉或一个猪头或一对猪脚或一只烤乳猪。

一般认为，无肉不能待客，"无酒不成礼仪"，其实，从普遍意义上讲，无肉更不成礼仪。在西南地区，所谓的肉当然是以猪肉为主了，猪肉待客是家庭普遍的常礼。重庆儿歌："红萝卜，捻

捻甜，看到看到就过年，过年就好耍，客人来了煮嘎嘎（肉）"。在云南、贵州、四川、重庆各地各民族使用猪肉待客的方式有很多，如彝族用"四只脚""砣砣肉""腌肉

猪肚子"。重庆的"刨猪汤"更是盛行，直到今天，重庆城市乡村临近年关，亲戚朋友，社交往来以杀年猪吃"刨猪汤"作为请客待客的盛宴。

婚礼上的猪使者，婚娶以猪为聘，东北为定俗，男送女家猪

一只、酒一壶作为过礼，富者送双猪双酒，有诗为证："门庭结彩绕烟霞，猪酒分抬送女家，更有一般豪富者，双猪双酒向人夸"。这种礼俗在南方也很多见，贵州仡佬族的婚娶保留了许多原始古老的习俗，程序较为复杂，有"提亲、交礼、开庚、烧香、报期、迎亲"等礼式，都要用猪肉走子（猪腿）、溜子（肋骨肉）作重礼，这是必需的礼品，缺之不可。

在我国东南西北各地，猪肉又是各民族婚娶礼仪中的喜神，都表达了吉祥如意，美满幸福。居住在东北三江平原的赫族人，长期狩猎，代代相传，在婚礼上，新郎要吃猪头，新娘要吃猪尾巴，表示男子领头担当，女子跟从尾随，和睦相处，家庭幸福。

旧时，祈人还愿的习俗在各地到处存在，南方开航划船，先要进神，叫"敬王爷"或"敬老爷"，以求保佑人船平安，把煮熟的猪肉和鸡摆在船头龙头枋正中称"神桩"的在方，点香烛、烧纸钱，求神灵保佑，这种类似的祈祷保佑仪式很多，都离不开猪肉。

在我国祭祀活动中，大部分都无猪不能成祭，向各类神灵祭祀祈祷都离不开猪，即使是祈畜安求发财或祈丰年求幸福也还是用猪，湖北松滋一带有"猪头祭"之俗，求水果丰收，腊月三十，吃团圆饭前，松滋人要虔诚地举行"猪头祭"，祭梨树、杏树、桃树、李树等果树，土灶里，肥大的猪头在锅里煮得沸沸扬扬，来回游动，火光熊熊，映红满屋，叫来一男一女两个儿童跪拜，猪头荐献果树同。

贵州仡佬族的"拜树节"十分隆重，正月十四，各家准备好祭品，

分别由近到远进行"拜树"，还要用刀把树砍个口成"嘴巴"，献饭事毕，以猪肉让树享，表达对树的感谢和盼望来年的果实丰收。

猪趣：重庆人居住在奔腾不息的两江之岸，古风浓厚，粗犷豪放，耿直干脆，喜欢喝酒，在重庆或西南地区等地，过去民间有一首非常好玩的与猪相关的酒令，叫"掷骰组句令"，就是三个骰子各面分别刻上小姐、歌女、和尚、赃官、绵羊、母猪；闺房、街头、经堂、官场、山坡、粪坑；刺绣、卖俏、坐禅、弄权、吃草、拱地。这些词组成了六个句子："小姐闺房刺绣，歌女街头卖俏，和尚经堂坐禅，赃官官场弄权，绵羊山坡吃草，母猪粪坑拱地"。谁掷的骰子要是配达不通，就要喝酒。

在20世纪80年代前，麻将还不流行，主要是列扑克纸牌，其中"拱猪"可以说是"全国人民一片拱"，这个拱猪游戏风光了很多年，后来被麻将取代了。在重庆拱猪的名堂很多，专有名字就有"烂药、放烂、下烂、倒板、催肥、猪圈、收猪、圈牌"等，最后以得分多少决定输赢。

有时，猪还作为宠物饲养，有人说猪的大脑仅次于灵长类和海豚，当然有待研究，但的确猪作为宠物训练是十分成功的，它有自己的情感、语言，非常有趣。

民间，人们通过"猪疯晴、狗疯雨"来预知天气晴雨，这其

实是天气变化引起猪应激的反应。另外，猪在地震预感中反应敏感，据报道，我国好几次地震前都有惊群炸圈的前兆，"震前动物有前兆，鸡飞上树猪拱圈"，人们早就总结出来了。

　　猪的动画片：小猪佩奇又名粉红猪小妹，英文名为Peppa Pig，是由英国人阿斯特利（Astley）、贝克（Baker）、戴维斯（Davis）创作、导演的一部英国学前电视动画片，于2004年5月31日发行首播，已经在全球180个国家和地区播放，中国中央电视台少儿频道也曾热播。五岁的小猪佩奇是一个可爱的，但是有些小专横的小猪，与她的猪妈妈、猪爸爸和弟弟乔治一起生活，每天最喜欢玩游戏，故事围绕小猪佩奇与家人日常生活中的愉快经历，采用幽默而有趣的对话语调，极简而明快动画风格，深具教育意义的故事情节，宣扬传统家庭观念与友情，鼓励小朋友们体验生活，不仅能让学龄前儿童学习知识，更能让小朋友们从小养成良好的生活习惯，深受全球各地小朋友们以及其家长们的喜爱。

　　俗话说：人怕出名猪怕壮，在非洲就有这么一只猪，因出名躲过了被宰杀的命运，它靠着异于常猪的艺术天赋，成为猪界的"毕加索"，迅速红遍全世界，被人们称之为"猪加索"，它的现任主人乔娜在它大概四周大的时候，碰巧去了那家养猪场，看到它之后便心生怜悯，把它救了出来，乔娜认为，她救出来的是一只极具艺术天赋的猪，凭借着调教狗狗的一些经验和技巧，乔娜教会它画画，甚至教它在画作上"签名"，并在2017年举办了"猪加索"的作品展，这也算一件猪的趣事吧。

附录

附录1　无抗猪肉现状及应用前景

余群莲　张全生　汪开益　陈建华

（重庆华牧实业（集团）有限公司，重庆　401120）

摘　要：无抗猪肉是当今养猪业关注的热点话题，目前欧盟已全面禁止饲料中添加抗生素，而我国饲料行业仍在普遍使用抗生素。经过十多年的努力，目前中国已有很少一部分养殖场能够生产无抗猪肉。随着消费者对高品质猪肉的需求越来越高，无抗猪肉前景乐观，养殖企业和兽药企业都积极寻求抗生素的替代产品，研制新饲料及新饲料添加剂。

关键词：无抗猪肉；抗生素；食品安全；无抗养殖

中图分类号：TS251.5$^+$1,S828.6

文献标识码：B

文章编号：1673-4645(2016)07-0067-03

　　2003年，无抗猪肉在上海面市，在中国养猪业掀开了崭新的一页。对于无抗猪肉，消费者将信将疑，专家态度谨慎，无抗猪肉成了人们关注的话题。那么什么是无抗猪肉？根据欧盟2005年12月31日发布的欧洲标准猪肉饲养方式，无抗猪肉有三个级别：第一级别是指生猪屠宰时检测不出抗生素；第二级别是指饲养过程中，饲料中保证不含抗

收稿日期：2016-01-20

基金项目：国家生猪产业技术体系建设专项（CARS-36）

作者简介：余群莲（1986-），女，四川眉山人，硕士，畜牧师，E-mail：328498825@qq.com

生素、激素、精神类药物、防腐剂、色素、"瘦肉精"等药物和添加剂，治疗中允许使用，但要保证足够的休药期；第三级别是指饲养过程中饲料中不添加抗生素、激素、精神类等药物，治疗也不允许使用[1]。1986年，瑞典最先宣布全面禁止抗生素用于饲料添加剂；2006年起，欧盟全面禁止在饲料中添加抗生素；日本从2008年开始禁止在饲料中使用抗生素；2011年，韩国政府修改《有害饲料范围和标准》，全面禁止动物饲料中添加抗生素[2]；美国联邦食品和药品安全管理局（FDA）公布指导性文件，从2014年起用3年时间禁止在牲畜饲料中使用预防性抗生素。当前欧盟养猪场基本都做到了第二个级别的无抗养殖，而我国经过十多年的努力，目前还只有很少一部分猪场能生产第二级别的无抗猪肉。

无抗猪肉和普通猪肉相比，其在烹制过程中能显现出明显优势，肉质有嚼头，肉香浓郁。从健康角度来分析，随着人民生活水平的提高，对健康的重视程度提高，对食品安全越来越关注，对高品质食品的需求也越来越高。无抗养殖不仅可以提高肉的安全和品质，而且可以改善人类健康。从国际大环境来看，目前在生猪饲养过程中不使用抗生素是国际公认的猪肉安全标准，无抗养殖已成为世界养殖业的必然趋势。

1 抗生素使用现状

据新华网报道，英国知名经济学家吉姆·奥尼尔等专家受英国政府委托开展的调查显示，全球农业领域每年的抗生素消耗量估计在6.3万吨到24万吨之间。到2030年，全球农业方面的抗生素消耗量预计会在2010年的基础上大幅提升67%。大多数国家市场销售的抗生素产品超过50%被用在牲畜身上，主要是为了防治疾病和加快动物生长，以便获得更多利润。目前，我国饲料行业仍在普遍使用抗生素，虽然我国已先后出台了《饲料和饲料添加剂管理条例》《兽药管理条例》《农产品质量安全法》等一系列法律、法规，规范了动物及畜产品从生产到加工的饲料、添加剂及兽药的使用，使动物性食品安全质量有了一定的保障和提高，但与发达国家比较，还有较大差距。相关数据显示，每生产1千克猪肉的抗生素使用量，丹麦为30毫克，日本为100毫克，美国为300毫克，欧盟小于100毫克，而我国超过1 000毫克，全年使用量达到6万吨；人均抗生素年消费量，欧盟小于13克，美国在13克左右，而我国达到了138克，全年则达到了18万吨。随着国际"绿色贸易壁垒"的升温，滥用抗生素的动物产品出口时遭遇到越来越多地限制和障碍，对我国养猪业形成了严峻挑战[3]。

2　滥用抗生素产生的问题

大量研究表明，长时间使用抗生素添加剂，会导致动物体内微生物的耐药性不断增加，进而造成人体的病原微生物产生耐药性[1]。有试验检测结果显示，从四川、重庆、湖北等19个省份的95个规模化猪场中分离的480株大肠杆菌以多重耐药菌株为主[4]。据2006年国家卫生部估计，由于使用高剂量抗生素，全国每年的死亡病例约8万人，受高剂量抗生素治疗而对身体造成损害的至少有100万例[5]。畜禽行业滥用抗生素，也直接导致环境污染。王丹等[6]研究表明，迄今已有约68种抗生素在中国地表水环境中被检出，我国地表水环境中抗生素的总体浓度水平与检出频率均较高，在珠江、黄浦江等水域一些抗生素的检出频率高达100%，检出浓度高达每升几百纳克，而在某些工业发达国家如美国和日本几乎未检出或只以很低的浓度被检出[6]。

3　无抗养殖面临的问题

目前国内猪价进入周期性大幅波动，仅以降低养殖成本来应对市场价格的变动，是远远不够的。在饲料原料价格不断上升的情况下，养殖成本的可降空间十分有限。无抗养殖高品质猪肉为大多数养殖企

业指明了前进的方向。丹麦作为无抗养殖的先驱者，其无抗养殖经验告诉我们：在改善养殖管理水平，提高养殖场的卫生和生物安全防控，使用安全、新型饲料添加剂的情况下，减少或停止使用抗生素是可能的。

但真正实行无抗养殖却面临诸多问题：我国规模化养殖与散养并存，畜禽养殖量巨大，在饲料管理水平相对不高、养殖密度过大的现状下，禁止饲料中添加抗生素，势必给行业带来巨大挑战。当前国内存在的猪病有几十种，疫情复杂多样，各猪场的生物安全体系比较薄弱，猪只的隐性带毒、亚健康状况比较普遍，容易导致疫情失控，造成巨大的经济损失[1]。当前由于饲料中长期添加一些促进生长的抗生素，一旦禁止使用将会导致猪群的存活率和生长速度下降，从而影响猪场的生产成绩，增加经济损失[1]。饲料原料质量把关不够严格，药物残留、毒素等的超标将影响猪只健康。同时，使用抗生素替代产品、加强猪场生物安全体系建设、开展畜产品抗生素含量检测等措施又会导致每头猪的养殖成本增加。目前市面上出售的无抗猪肉价格比普通猪肉高出几成，消费者的普遍接受程度有限；一些消费者也表示：无抗猪肉的价格贵出许多，可作为消费者，我们看不到无抗猪是不是真的以无抗的方式养殖；且饲料无抗不代表猪肉无抗，许多商家夸大炒作了无抗猪肉的概念。

4 无抗猪肉市场前景

我国是猪肉消费大国，年消费量占到肉食消费量的50%左右。无抗猪肉成为市场新宠和养猪业的热点，源于消费者对食品安全的追求。为了迎合消费者的这一追求，各种抗生素替代品蜂拥而出，无论是养殖企业还是兽药企业都陷入了狂热之中。目前国内外常用的、能够替代抗生素的产品主要有：酶制剂、酸化剂、中草药制剂、发酵饲料、微生态添加剂、低聚糖、免疫增强剂、抗菌肽及特定的化合物等。我国于2011年11月3日颁布《饲料和饲料添加剂管理条例》（国务院令第609号），新增内容鼓励研制新饲料及新饲料添加剂[7]。目前国内外很多研究机构都在积极寻找既能杀菌、没有副作用，也不会产生耐药性的抗生素替代产品。但无论哪种抗生素替代品，目前都没有一份权威的试验数据说明其能完全替代抗生素的功效[8]。无抗养殖技术并非简单替代而是综合因素的作用。

在全球养猪业中，丹麦是使用抗生素最少的国家。现在，他们准备更进一步，丹麦皇冠旗下五个养猪合作社宣布，从2014年12月1日起，将进行全程无抗生素养殖实验，尝试为丹麦养猪业寻找更为可持续的发展方案。

我国也于2015年9月1日颁布《中华人民共和国农业部公告第2292号》：自2016年12月31日起，停止经营、使用用于食品动物的洛美沙星、培氟沙星、氧氟沙星、诺氟沙星4种原料药的各种盐、酯及其各种制剂，撤销相关兽药产品批准文号[9]。无抗养殖是大势所趋，养殖行业、饲料行业、兽医兽药行业及相关行业都必须适应这个趋势的发展。为提高肉类产品质量，真正做到健康养殖，需要根据中国的国情和养殖特点，寻找合理的解决方案，研发和推广有效的无抗养殖技术，同时也需要政府和行业的正向引导，制定无抗标准，完善国家的监管机制。

参考文献

[1] 周小兵.关于无抗猪肉的思考[J].今日养猪业,2012(4):10-12.

[2] 饲料无抗化已成大趋势[J].畜禽业,2012(7):5.

[3] 周军,李红斌,李睿鸿.滥用抗生素对养猪业的危害及应对措施[J].当代畜禽养殖

业,2011(6):43-46.

[4] 杨加豹,刘进远,陈瑾.无抗畜牧业的概念及发展方向[J].四川畜牧兽
  医,2013(12):12-15.

[5] 战军.无抗肉———从农场到餐桌[N].中国质量报,2007.

[6] 王丹,隋倩,赵文涛,等.中国地表水环境中药物和个人护理品的研究进展[J].科学
  通报,2014,59(9):743-751.

[7] 何芳.后抗生素时代,无抗养殖的兴起[J].中国动物保健,2014,16(2):19.

[8] 牛强.绿色无抗养殖时代何时才能到来[J].今日养猪业,2014(11):35-36.

[9] 农业部决定停止使用洛美沙星等4种兽药[J].浙江畜牧兽医,2015(6):3.

附录2　三峡库区提高仔猪成活率的综合管理措施*

张全生，余群莲，张　毅

（重庆市种畜场，重庆　400020）

养猪业既是三峡库区农村的传统产业，又是三峡库区迁居移民后期扶持农村经济的重要产业，在国民经济中占有十分重要的地位，三峡库区（重庆）年出栏生猪1 200万头，约占重庆市生猪出栏量的61%，在增加移民收入上起着举足轻重的作用，在人们的肉食品消费中占有重要比重。但三峡库区夏季高温高湿，冬季低温高湿的环境条件，湿度过大容易滋生许多病原微生物，使哺乳母猪和仔猪都易感染疾病。库区生猪养殖中还存在仔猪饲养管理不当、弱胎、母乳不足、营养缺乏、疾病原因造成腹泻甚至死亡等问题，直接影响到仔猪成活率，成为当前制约三峡库区养猪产业发展的重要因素，影响到养殖户的生产效率和经济效益。重庆市种畜场接受三峡办重庆移民局的任务，在三峡库区实施"三峡库区提高'洋三元'仔猪成活率配套技术研究及推广"项目，积极组织专家深入库区养猪场（户）调查分析、试验示范、技术培训，充分整合各方优势资源，采取一系列综合技术措施，提高仔猪存活率，推进库区的养猪水平的提高。

1　强化母猪的营养调控与精细管理

1.1　营养调控

母猪养得好不好，直接影响到产活仔数、仔猪初生重和母猪泌乳

*基金项目：国家生猪现代产业技术体系建设专项资金；移民科技帮扶三峡困难移民投资项目。

性能等[1]。提高仔猪的成活率，首先就要调控好经产母猪、怀孕期母猪和哺乳母猪各阶段的营养水平。

1.1.1 配种前　此阶段的母猪应加强运动，尽快恢复体况，提高胚胎存活率。

图1　强化母猪的饲养管理

1.1.2 怀孕期　此阶段的母猪食欲旺盛，但饲料量不宜过多，反之易导致肥胖，而引起繁殖障碍；可适当提高饲料的粗纤维水平，以减缓母猪的饥饿感，从而减少胚胎死亡；怀孕后期胎儿发育迅速，需要大量的营养，应逐渐增加饲料喂量，提高仔猪初生重及均匀度；产前2周内，母猪消化力减弱，应多喂些易消化和利于通便的饲料，如麸皮和青绿多汁饲料，减少精料喂量，提高钙磷比例。

1.1.3 哺乳母猪　分娩后3d内要控制采食量，从第4天开始逐渐增加喂料量，从而提高其泌乳能力，减少母猪掉膘；母猪产后无乳或泌乳力低，可造成仔猪饥饿、低血糖、生长发育受阻或有的形成奶僵甚至死亡，因此饲粮营养要保证哺乳母猪在能量和蛋白质、氨基酸、维生素、矿物质平衡，只有消化能为13.39～13.81兆焦／千克、粗蛋白为17.0%～17.5%的饲粮才能满足哺乳母猪的营养需要。

1.2 精细管理

保持母猪舍清洁干燥，不驱赶母猪，不让其受惊，不喂冷水和霉变饲料；母猪最适宜的温度为18～20℃，湿度为65%～75%。为了最大程度发挥母猪的生产潜能，在冬季应做好防寒保暖，在夏季应做好防暑降温工作。冬季可以采用暖气供暖，夏季可以采用滴水降温和水帘降温。

2　加强新生仔猪的饲养管理

2.1　做好接产工作，是提高初生仔猪存活率的关键

在预产期前3天要消毒好产仔房，安装好红外灯。产前准备好止血钳、消毒药水、剪刀、消毒过的干毛巾等，用0.2%的高锰酸钾溶液洗干净母猪的乳房和阴部。

当分娩仔猪落地后，首先用消毒过的干布把鼻孔和嘴里的黏液擦干净，防止黏液堵塞口鼻，闷死仔猪；理好脐带，把脐带内的血液向小猪身上挤压，结扎并断脐，断端涂5%的碘酒消毒，再置入保温箱内。如果出现停止呼吸呈"假死"时，立即用手触摸脐带基部或左侧心脏区域，如还有血脉跳动，口鼻还存在黏液，可把头朝下，一手握住后双脚，一手握住前胸部，稍用力往外甩，把黏液甩出，揩干，再用人工呼吸或双手有节律地拍打背部和挤压胸部等方法进行抢救，抢救活的仔猪应单独置于保温箱内，待其恢复好后再混合。

母猪如遇难产可进行药物助产或人工助产。药物助产采用催产素，用量为每100千克体重注射2毫升，注射后20～30分钟可以产出小猪，如果无效要采用人工助产。人工助产时，助产人员应剪手指甲，用肥皂水洗手，再用消毒液消毒手及手臂，涂上润滑剂，同时将母猪产门洗净。手并成锥形，手心向上，待母猪努责时，缓缓伸入产道握住仔猪，顺势将仔猪拉出，拉出1头后，如转为顺产就不必再行人工助产了。助产后应给母猪注射抗生素以防感染。

2.2　做好剪牙和断尾工作

吃初乳前，剪短新生仔猪的牙齿，可以减少对母猪乳头的损害。剪牙前后必须用碘酒消毒，剪牙时动作要轻而准，剪平。同时进行断尾2/5，防止相互打架咬伤、咬尾等现象发生。断尾时可先用断尾钳夹一下，并进行消毒，再在夹的下方1厘米处剪断，可避免因断尾造

成流血过多的现象。

2.3 及时喂初乳和人工固定乳头

仔猪出生后应马上吃到初乳，最迟也不能超过2h，因为初乳能为新生仔猪提供所需要的各种养分和免疫抗体，促进仔猪胃肠运动和胎粪的排出。对于体弱、不会吃奶的仔猪，可放到母猪旁，挤几滴乳汁到其口内，逐步辅助其自行吮乳；体重较小、体质较弱的仔猪安排固定在母猪胸部乳头吃奶；体重较大、体格健壮的仔猪安排固定在腹部乳头吃奶，这样可促进均衡生长，固定乳头是提高仔猪成活率的重要措施。

2.4 做好防寒保温、防冻防压工作

新生仔猪自身体温调节机能不健全，加上被毛稀少，一旦环境温度过低，很容易受冻致死，尤其是冬春季节要特别注意。仔猪刚出生时的温度应保持在32～34℃，以后每周递减2℃，直到温度降至26℃左右。一般可采取关闭产房门窗，铺垫柔软垫草，产房内增设保温设施（红外线保温灯、电热板、地炉）等，加强仔猪的防寒保温工作。初生仔猪行动不灵活，特别是受冻后更易被母猪压死，在产后头7天必须做好看护工作，也可在圈内设护仔栏。

3 加强哺乳仔猪的饲养管理

3.1 及早诱饲和保障饮水

为促进仔猪生长及减少断奶后吃料的不适应，仔猪出生后3～5天，应及时进行诱导补料，同时还应该注意观察仔猪吃料的动态，及时进行调料。尽早补料能锻炼仔猪消化道，促进消化器官发育，提高消化能力，保证营养供给。仔猪应采食营养全价、适口性好、容易消化的哺乳仔猪饲料。喂食的同时还应注意仔猪的补水，如饮水不足会导致仔猪水分失调，或饮尿、饮脏水，影响仔猪的正常生长甚至发生疾病。

仔猪出生后3~5天，就应供给仔猪适量温水，温水中可加少量食盐和麦麸[2]。

3.2 补充矿物质

图2 加强哺乳仔猪的饲养管理

据研究，新生仔猪体内储备铁只有40毫克左右，每日从母乳中获得约1毫克铁，而仔猪正常生长每日需铁7~8毫克。因此，必须及时补铁，以保证仔猪的正常生长发育，否则会引起仔猪出现食欲不振、皮肤苍白、生长停滞等症状，严重的会发生缺铁性贫血，导致死亡。仔猪缺硒可引发白肌病和营养性水肿病，在5日龄后应肌注亚硒酸钠和维生素E注射液。另外，为满足仔猪对钙磷等矿物质和微量元素的需要，在仔猪出生后5天起，可补饲骨粉和食盐等[3]。

3.3 预防仔猪疾病

由大肠杆菌引起的黄、白痢，还有其他细菌、病毒引起的腹泻在产房都是很常见的，引起腹泻的主要原因有：①产房温度低；②产床潮湿；③栏舍消毒不严；④大肠杆菌感染；⑤腹泻病毒感染；⑥寄生虫感染[4]。仔猪出生1周左右及20日龄前后也是仔猪白痢的高发期。饲养仔猪的栏舍必须清洁、干燥、温暖、无贼风侵袭；同时可采取药物预防，在饲料或饮水中添加抗生素药物和抗应激的电解多维及维生素C等。猪舍有害气体（氨气、硫化氢、二氧化碳等）有效控制，可缓解哺乳母猪与哺乳仔猪呼吸道疾病发生。在保证产房内正常温度的前提下，应进行合理的通风，不仅可去除有害气体，还可以降低湿气。

3.4 科学合理的免疫注射

应根据养殖场实际情况和当地疫情，制定合理的免疫程序。一般应在母猪产前肌注大肠杆菌多价苗，使母乳中达到一定的抗体水平；仔猪20日龄和60日龄分别接种猪瘟疫苗；还应根据猪场卫生和往年细菌性疾病发生情况，做好仔猪副伤寒、链球菌病、水肿病、传染性胃肠炎、流行性腹泻等疫病的免疫。

4 加强断奶仔猪的饲养管理

图3 加强断奶仔猪的饲养管理

断奶方法和饲养管理不当容易导致仔猪发病死亡，特别易发生应激。仔猪断奶时间可根据猪场的生产技术水平和饲料条件的优劣决定，规模化和生产水平较高的猪场可在25日龄断奶，条件稍差的可在28～35日龄断奶。

采取间断性断奶，断乳初期避免母仔再接触，让仔猪逐渐适应离开母猪后独自生活。仔猪断奶后仍在原产床停留5～7天再转走，并缩小断奶后的环境差异。断奶仔猪圈舍里的温度保持在18～22℃，相对湿度不超过75%，温暖和干燥的舍内环境有利于仔猪的生长发育。仔猪断乳后半个月内不换料，半个月后改喂断乳仔猪的全价饲料，保证充足清洁的饮用水。在变换饲料过程中，注意观察仔猪采食和排便情况，发生不正常的情况应及时调整[5]。仔猪断乳后5～7天内保持断乳前供给的饲料量，过后可根据具体情况，逐渐增加饲料量。由于仔猪分泌消化酶的机能发育尚未成熟，可在饲料中添加适量消化酶如蛋白酶、淀粉酶等。为了降低胃肠pH，可在饲料中加入酸化剂，如在饲料或饮水中添加柠檬酸800克／吨，能增强消化酶的活力。

5 结语

仔猪是养猪生产的基础，是发展生猪数量、扩大养殖规模，提高质量和经济效益的关键。三峡库区发展养猪业，由于科学养猪水平还比较低，相当一部分养猪大户对仔猪饲养缺乏科学知识，加上哺乳期仔猪自身生理条件及环境因素的影响，出现仔猪死亡率较高的现象，给养猪生产带来严重损失。科学养育仔猪是目前广大养殖场及养殖户必须重视的问题，只有提高了仔猪成活率，才能获取好的经济效益。

参考文献

[1] 邹品杨．规模猪场提高仔猪成活率的主要措施[J].科学种养，2011（2）：32.

[2] 魏继子．提高仔猪成活率和断奶窝重的关键技术[J].畜牧兽医杂志，2010，29（3）：105-106.

[3] 王嵌，鲁绍雄．冬季提高仔猪成活率的主要措施[J].致富天地，2011（1）：50.

[4] 杞长林．提高仔猪成活率的十项综合技术[J].云南畜牧兽医，2011（1）：2-3.

[5] 张丽娟，胡春光．提高仔猪成活率的有效措施[J].中国畜禽种业，2011（8）：73-74.

附录3 我国福利养猪的现状及应对措施

张全生*

（重庆市种畜场，重庆 400020）

摘　要： 主要介绍我国福利养猪的现状及存在的问题，面对国际市场的贸易壁垒，我国养猪业迫切需要通过一系列的措施，改善养猪生产中的福利状况，适应国际市场的需求，实现可持续发展的科学养猪模式。

关键词： 动物福利；养猪业；贸易壁垒；科学养猪

　　我国是一个畜牧生产大国，猪肉总产量约占世界总产量的一半。在猪肉及其肉制品基本满足国内市场需求的大环境下，国内一些企业把发展目标定位于开拓猪肉的国际贸易。但要实现进入国际市场的目标，必须按照国际惯例、国际标准的要求组织生产，动物福利成为继绿色壁垒后新的非关税壁垒，需要引起养猪业界对猪福利的关注。

1 福利养猪的概念

　　动物福利起源于欧洲，他们信仰动物也有感知、痛苦、情感的理念，尽管人工饲养的畜禽最终将被宰杀，但人类应该文明、合理、人道地对待动物。早在1822年，英国就通过了禁止虐待动物的议案。欧盟及美国、加拿大、澳大利亚等不少发达国家都已建立了动物福利法规。目前，国际上公认的动物福利基本原则是动物应享有5大自由：

基金项目：国家生猪现代产业技术体系建设专项资金；移民科技帮扶三峡困难移民投资项目。
*作者简介：张全生（1958—），男，高级畜牧师，E-mail: zqseng@163.com。

①享有免受饥渴的自由，即保证充足的饮用水和食物；②享有舒适生活环境的自由，即提供适当的生活栖息场所；③享有免受痛苦伤害和疾病威胁的自由，即保证动物不受额外的痛苦，并得到充分适当的医疗待遇；④享有生活无恐惧和悲伤的自由，即避免动物遭受精神创伤；⑤享有表达天性的自由，即提供适当的条件，使动物天性不受外来条件的影响[1]。目前，在饲养、运输、屠宰过程中如果不考虑猪的福利待遇问题，将禁止生产出来的猪和猪肉产品进入国际市场。而对于我国养猪业来说，动物福利还是一个新的概念。我国养猪业要想与国际接轨，就必须重视福利养猪，打破贸易壁垒。动物福利政策会对我国养猪业产生一定的影响，但也能促进我国福利养猪的进步，推动我国养猪业可持续健康发展。

2　我国福利养猪的现状及存在的问题

我国养猪业在动物福利领域正处于起步阶段，虽然在日常饲养过程中，已经下意识地考虑了饲养条件的改善（比如猪舍的光照、通风、饮水及饲养密度等），但是还没有从科学的角度加以认识。目前，我国还没有一部有关动物福利保护的总括性法律出台，只有非法捕杀国家保护动物的，才追究刑事责任。而虐杀普通动物的行为却没有严格的约束条例，法律的空白使动物福利保护工作举步维艰。目前我国的福利养猪还存在诸多问题，要想与国际接轨还需要克服各方面的困难。

2.1　猪舍环境的福利问题

猪舍内环境条件的舒适有助于猪只发挥更好的生产性能，应保持舍内适宜的温度、湿度、光照、通风换气等环境要求。但很多猪场舍内小气候环境稳定性差，夏季高温高湿、蚊虫多、臭气大、空气质量差，冬季低温高湿、饲养密度高、通风不良、空气污浊，圈舍内卫生条件变差，严重影响猪的生产力和抗病力，降低饲料利用率，导致呼

吸系统疾病及各种疾病的发生。猪舍的环境卫生管理跟不上，舍内空气中有害成分含量高，含有害气体（氨气、硫化氢、甲烷、二氧化碳等）、微粒（灰尘、饲料粉末、皮屑等）和微生物（细菌、病毒等）等成分，这些污染物超过大气的自净能力时，会对人和动物造成危害。

2.2 猪舍设计的福利问题

许多猪场盲目追求规模化，为了节省土地，缩短畜禽饲养周期，还采用了高度集约化的饲养方式，使废弃物超过环境承载能力，使养殖场的小气候环境恶化。猪舍修建过程中，每栋猪舍之间的距离不达标，加剧猪场的防疫和疾病传播危险。猪舍地面多为石质或混凝土平地，没有采用先进的漏缝地板，地面清洗难度大，多采用水冲清粪的方式，产生的污水较多，且猪粪和废水大都没有经过分离，导致粪污不能合理利用。目前我国规模化养殖中对母猪、后备猪等普遍采用单体限位饲养，容易造成种母猪体质下降、使用年限缩短、肢蹄病严重、提前淘汰等影响。

2.3 饲养管理中的福利问题

规模化猪场高度密集饲养，不仅造成大量粪尿、臭气、噪声污染，还使有些猪吃不到料，饮不上水，处在饥渴状态，也使猪只产生了打斗、咬尾、咬耳等行为怪癖，最终导致生长速度缓慢，肉质下降，猪群免疫功能下降而诱发各种传染病、群发病，特别是猪呼吸道疾病非常普遍。为了追求高生长效率和提高母猪的繁殖性能，目前生猪养殖中普遍存在提前断奶的饲养方式，容易造成仔猪断奶综合征，产生心理应激、环境应激及营养应激，从而影响其生长效率。

在生猪饲养环节，存在人为地或过分地用改善饲养配方的方法来提高生产率，打乱动物自然生长规律问题。有的企业甚至为了眼前的经济利益，在饲料中添加有害物质，使生猪处在非正常饲养状态，甚至处在中毒状态。这些有害物质的添加，不仅违背动物福利，而且危害人体健康，造成环境污染。

2.4 运输和屠宰环节的福利

我国养猪业在运输和屠宰环节动物福利考虑太少，如运输时间过长、运输的密度过大、温度过高或过低，剧烈驱赶，外部陌生环境的刺激，加上猪只抗应激能力差，会对猪肉质量产生不利影响。在生猪屠宰方式上也很不规范，传统的、分散的、小规模的个体屠宰在卫生检疫上存在着诸多问题，就连那些采用现代工艺的、集中的、大规模屠宰的肉联厂的屠宰方式也很落后，很多牲畜都是在木棒驱赶下进入屠宰厂（图1、图2），亲眼目睹同伴被宰杀分割、吓得嗷嗷乱叫，甚至在屎尿齐下的极度恐惧中结束自己的生命。

3 我国应对福利养猪的措施

3.1 加强动物福利方面的立法

加强我国动物福利立法是件刻不容缓的事，我们必须在吸收其他国家成功经验的基础上，结合我们的国情展开。一是制定有关动物保护的基本法，修订《野生动物保护法》和《畜牧法》，分别对野生动物和家养动物的福利制定符合实际的保护规定。二是结合各地现有的宠物管理法规或者规章，制定《宠物饲养管制法》。三是结合现有的动物实验法规和规章，制定综合性的《实验动物管理法》。四是在现有的动物运输法律、法规和规章的基础上，针对水路、公路、铁路、航空运输以及混合运输、分程运输过程中的动物保护问题，制定《动物运输法》。五是在现有的动物屠宰法律、法规和技术规程的基础上，制定《动物屠宰法》[2]。中国应尽快制定出适合国情的动物福利法律、法规及标准，提高我国的动物福利水平，有利于促进养殖业的可持续发展，取得更大的效益。

3.2 加强福利养猪宣传

必须深入了解动物福利的概念，才能知道如何开展福利养猪。应举办培训班，广泛宣传动物福利的内容和意义，印发相关资料，让所有人尤其是从事养猪生产及相关工作的人员深入了解和主动关注动物福利的必要性、重要性及主要内容，改变人们关于动物福利概念的错误认识，准确系统地理解动物福利，全社会动员起来，共同提高生产中猪的福利水平。

对于出口型的猪肉产品营销企业以及为这些企业提供饲料、医药、医疗等服务的企业，应该让其充分了解国外的"动物福利"保护标准，鼓励其严格参照执行进口国的"动物福利"保护标准；对于我国生猪产业的福利养殖，国家应该建立相关政策给予适当的补贴，以加强其国际竞争能力[3]。

图1　野蛮驱赶进入屠宰厂　　　　　图2　残酷驱赶猪进入屠宰厂

3.3 改善猪舍内外环境

采用合理的清粪方式，必取"干除粪、少冲水"原则，使猪舍保持干燥、清洁，粪污处理可采用干稀分离方式，使其得到合理的利用。高温季节通过通风系统的温控探头控制风机和湿帘，降低舍内温度；低温季节转换到定时通风，通过调节进气口，调节风速和风向，排除舍内有害气体。猪舍中 NH_3 应小于10毫升／米^3，CO_2 应小于3 000毫升／米^3，CO应小于10毫升／米^3，H_2S 应小于0.5毫升／米$^{3[3]}$。保持舍内空气新鲜，其目的不仅限于控制猪的呼吸道感染，疾病的传播，而空气中的氧，也是动物体必需的营养素，对猪的饲料利用率至关重要。同时避免高湿、高尘埃环境，每天提供8小时或更长时间的光照，高于85分贝的连续噪音应避免。猪场的净道和污道要分开，有利于保持环境卫生。猪场绿化对改善猪场环境有诸多好处：可以明显改善场内的温度、湿度和气流等；可以净化空气，阻留有害气体、尘埃和细菌；减少噪声、防火、防疫、美化环境等。

3.4　猪场的福利化设计

适度规模饲养，猪场建设规模要因地制宜，猪场周围要有足够农地消纳猪场粪污。可借鉴SEW三点式或两点式养猪，在远离城市的地方分点选址，分点饲养，化整为零，彼此相隔1千米以上，以利饲料供应、防疫和排污处理。就近建立屠宰加工厂，改活猪流通为猪肉和肉制品流通，这样既可减少运输应激，改善肉质，又可防止传染病的散播[4]。

取消后备母猪、妊娠母猪、种公猪限位栏，实行小群（2～4头）圈养（公猪除外）。设置户外运动场，从而增强猪只体质，促使骨骼和肌肉的发育，保证肢蹄健壮。地面材料和结构应确保猪蹄的健康，地面不要太粗糙也不要太光滑，建议坡度为2%～5%。可采用半漏缝板条式地板，有利于粪尿分离，其材质要耐腐蚀、不变形、表面平整、坚固耐用、不卡猪蹄、漏粪效果好、便于冲洗和保持干燥。料槽避免产生直角，利于清扫，避免饲料发霉腐败。

3.5　实行科学饲养

3.5.1　种猪群的饲养　应该注意的主要有种公猪、种母猪不应分

隔饲养太远；限饲时应提供大容积、高纤维的饲料以使动物有饱腹感；母猪应群饲，有足够的采食和躺卧面积，能接触垫草；遗传选育应着重考虑抗病性。

3.5.2 仔猪的饲养　仔猪需要精心的照料，应采用无痛阉割技术；断犬牙、打耳号应尽量减少对猪的伤害；混群尽可能要早；平均断奶时间不应早于28日龄，早期隔离断奶的优缺点应从动物福利的角度权衡。育成栏应设置玩耍的铁链，还可在猪栏上方离地0.8米左右处，用铁丝穿一串装有卵石的易拉罐供仔猪玩耍，以最大限度满足仔猪行为需要。

3.5.3 生长肥育猪的饲养　生长肥育猪舍应便于分区（采食区、休息区、排粪区），应满足猪群同时侧躺所需要的空间。根据不同年龄、体重提供相应的饲料并相应调整饲养密度，避免密度过大；要为各类猪只设置小运动场，使其有活动和逍遥的空间[5]。有明显不良行为的猪只应转离原群；不良行为发生率高的猪场应从光照、日粮、猪舍卫生、饲养密度等方面进行改善。严禁鞭打猪只，保证供应全价饲料和充足饮水，每天至少饲喂2次，在饲料中严禁添加有毒有害物质。

3.6 改善运输及屠宰

在运输过程中要通风、淋浴、小心开车，尤其是刚开车的15分钟内，以此来降低死亡率。猪在运输途中必须保持运输车的清洁，按时喂食、供水，运输时间超过8小时要休息24小时[6]。猪只运到屠宰厂后要在30分钟内卸车并进行淋浴降温；赶往电击点时要特别小心，否则易造成应激；宰杀时要用高压电击，电击时间要小于3秒，使猪快速失去知觉，减少宰杀的痛苦，要隔离宰杀，以防其他猪看到而产生恐惧感。

4 结语

我国养猪业必须顾及猪的福利要求，顾及猪的感受、猪的健康及肉产品的安全等问题。加快我国的养猪业融入生态福利养猪模式，以适应国内外市场的需求。

参考文献

[1] 陈松洲，翁泽群.国际贸易中的动物福利问题研究及我国的对策[J].当代经济管理，2009，31（3）:63-67.

[2] 刘哲石.我国动物福利保护立法存在的问题及完善[J].湖南师范大学社会科学学报，2008（3）:44-48.

[3] 顾宪红，李升生.现代养猪生产中的福利问题[C]∥猪营养与饲料研究进展.第4届全国猪营养学术研讨会论文集,2003.

[4] 李芳.浅谈养猪业中的动物福利问题[J].中国动物保健，2010（6）:1-4.

[5] 刘金民.从绿色壁垒、动物福利谈我国畜产品生产[J].黑龙江畜牧兽医，2004(1):5-6.

[6] 牛自兵.关注猪的动物福利[J].饲料工业，2005，26(9):56-59.

附录4 喷雾干燥血浆蛋白粉和血球蛋白粉在生猪生产中的应用进展

张全生　余群莲

（重庆市种畜场，重庆市　400020）

摘　要： 本文主要介绍了喷雾干燥血浆蛋白粉和血球蛋白粉，对母猪生产性能的影响，对仔猪生产性能和免疫性能的影响及在应用于仔猪影响效果的因素。

关键词： 喷雾干燥血浆蛋白粉；喷雾干燥血球蛋白粉；母猪；仔猪

　　我国是畜牧业大国，但饲料资源尤其是蛋白质饲料却严重不足。据农业部饲料工业信息中心统计，我国每年需进口3 500万吨大豆和120万吨鱼粉。近年来，蛋白质饲料价格上涨，货源紧缺，开辟新的饲料资源、积极寻找代用品成为亟须解决的问题。畜禽血液富含各种营养成分和生物活性物质，我国畜禽鲜血年产量可达2 300多万吨[12]，但血液的综合利用尚处于初级阶段，不仅造成资源的浪费，还带来严重的环境污染。畜禽鲜血可经干燥后制成血粉及血浆蛋白粉，作为非反刍动物和水产养殖的蛋白饲料[10]。血液的主要干燥工艺包括全血干燥和喷雾干燥，国内主要采用全血干燥工艺进行干燥，所得的产品适口性、可消化性及氨基酸组成平衡性较差。喷雾干燥主要是将健康动物的新鲜血液经抗凝处理后，过滤除去杂质，用离心机将血液分为血浆和血细胞液，血浆经浓缩后喷雾干燥制成血浆蛋白粉（Spray-Dried Plasma Protein,SDPP），血细胞液直接喷雾干燥制成血球蛋白粉（Spray-Dried Animal Blood Cells, SDBC）（图1、图2）。因喷雾干燥速度快、时间短、温度低，SDPP和SDBC既保留了血液中高品质的营养成分和各种功能性免疫球蛋白的活性，又消灭了病原，是一种新型、安全、多功能蛋白源；其可增加饲料适口性，产生诱食作用，进而提高日增重、采食量和饲料报酬；能有效替代常规蛋白饲料，并产生常规蛋白饲料没有的未知功效，促进动物生长；能提高机体免疫功能，在生猪生产中应用广泛。

图1　喷雾干燥血浆蛋白粉（SDPP）和血球蛋白粉（SDBC）

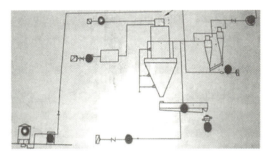

图2　工厂化生产工艺流程

1　SDPP和SDBC的营养价值

SDPP中的粗蛋白包括纤维蛋白、球蛋白、白蛋白等，含量为66%～76%（猪血SDPP：66.7%～68.2%，牛、羊血SDPP：74%～76%），消化率在90%以上；免疫球蛋白含量为26%～27%，还含有大量促生长因子、干扰素、激素、溶菌酶等物质；组成蛋白的各种氨基酸（除了蛋氨酸）都很丰富，赖氨酸可达6.5%以上，胱氨酸含量丰富，能很好补充含硫氨基酸，平衡日粮氨基酸比例；SDPP含有丰富的无机盐，灰分含量为2.27%～12.44%，其中磷含量为1.78%、铁含量为0.007 8%，矿物质利用效率较高。

SDBC干物质含量为90%～94%，粗蛋白质含量为90%～92%，

灰分含量为3.8%～4.5%，粗脂肪含量为0.3%～0.5%，钙含量为0.005%～0.01%，总磷含量为0.15%～0.20%。血红蛋白是SDBC含有的主要蛋白，溶解性极好，具有很强乳化脂肪的能力[13]。此外，天门冬氨酸、亮氨酸、谷氨酸和赖氨酸等氨基酸含量丰富，其中赖氨酸含量相当于鱼粉的一倍多，但异亮氨酸含量低，是SDBC的限制因子之一。

2 SDPP和SDBC在母猪生产中的应用

母猪在妊娠和哺乳期间，大量流失铁，尤其是高产母猪，常表现出临界缺铁性贫血，不但影响健康，还会降低饲料利用率。SDPP和SDBC富含有机铁，而有机铁的吸收速度快，效率高，且不会发生矿物质间的拮抗作用。母猪饲粮中添加SDPP或SDBC，可有效缓解高产母猪的缺铁状态，提高血红蛋白的携氧能力，进而促进新陈代谢，提高饲料利用率。

SDBC能改善母猪泌乳和繁殖性能。提高饲料中缬氨酸的含量可改善母猪的泌乳性能，血球蛋白粉缬氨酸含量在8%以上，黄建成[9]发现在哺乳母猪饲料中添加血球蛋白粉可显著改善母猪的泌乳性能，但因其粗蛋白含量高，应控制添加量，日粮中含量不宜超过0.94%。陈绍孟等[2]发现添加血球蛋白有缩短断奶母猪发情间隔时间的趋势。

SDPP改善母猪生产性能与母猪的胎次有关。Crenshaw等[18]研究表明日粮添加0.25%SDPP能增加头胎母猪饲料采食量，缩短头胎母猪断奶到初情期的间隔；日粮添加0.5%SDPP可降低经产母猪的饲料采食量，增加断奶仔猪的平均体重和窝重。Crenshaw等[19]和Frugé等[21]发现泌乳期母猪日粮添加SDPP能减少哺乳期失重，保证母猪断奶后及时发情，且能显著提高两胎以上母猪的繁殖性能，使断奶仔猪均重大于3.6kg。Campbell等发现日粮中添加0.5%SDPP，可提高母猪分娩率，降低重复配种率，增加产活仔数和断奶活仔数，从而提供更均匀的断奶仔猪[20]。

3　SDPP和SDBC在仔猪生产中的应用

3.1　对生产性能的影响

SDPP有增强食欲、提高采食量和加快生长速度的作用。管武太等在断奶仔猪日粮中添加不同水平的血浆蛋白粉（0、3.75%和7.5%），仔猪的采食量和日增重呈线性增加，饲料利用率也有改善的趋势[6]。丰艳平发现随着日粮中血浆蛋白粉含量的增加，仔猪的平均日采食量和日增重提高，料重比和腹泻率下降[5]。胡景威等发现日粮中添加3%SDPP，仔猪的日增重提高，腹泻率降低，饲料干物质表观消化率提高[7]；Pierce等研究了日粮添加SDPP和SDBP对14～21日龄断奶仔猪生产性能的影响，发现仔猪断奶后的第1周，饲喂SDPP和SDBP均能提高仔猪的生长速度和饲料利用率，但饲喂SDPP的效果优于SDBP，可能是因为血浆中的IgG成分对仔猪生产性能的提高起主导作用[24]。胡奇伟等[8]研究发现SDPP能显著提高断奶仔猪的日增重和平均日采食量，降低料肉比，降低腹泻率，血清中尿素氮、血清葡萄糖、总胆固醇、甘油三酯含量也显著下降，说明SDPP可通过改善断奶仔猪的物质代谢来改善其生产性能[29]。

SDPP含有丰富的营养物质，是仔猪常规蛋白饲料大豆粕、奶粉、鱼粉、乳清粉等的理想替代品。蔡元丽等发现用10%的血浆蛋白粉替代大豆粕，与对照组相比，断奶仔猪的生长速度、采食量和饲料转化率均得到提高[1]。Kats等研究发现，分别用2%、4%、6%、8%、10%的血浆蛋白粉代替脱脂奶粉饲喂断奶仔猪，在断奶后0～14天内，随着血浆蛋白粉含量的增加，断奶仔猪的平均日增重和饲料采食量逐渐增加[25]。Torrallardona等发现血浆蛋白粉代替鱼粉后，断奶仔猪小肠绒毛高度和隐窝深度增加，仔猪日增重提高[32]。邓莹莹等发现喷雾

干燥破膜血球蛋白粉替代血粉，早期断奶仔猪的平均日增重和日采食量均显著提高，仔猪腹泻率降低，日粮养分消化率提高和饲料成本降低[3]。Zhang等在断奶仔猪第二阶段饲粮中用2.5%的血球蛋白粉替代4%鱼粉，发现仔猪平均日增重和平均日采食量显著提高[33]。邓莹莹等用不同比例的血球蛋白粉替代日粮中的鱼粉，发现随着血球蛋白粉添加比例的增加，干物质、粗蛋白质和能量的表观消化率略有上升，仔猪的平均日增重有所提高，而料重比、腹泻率、发病率则有所降低[4]。要秀兵等发现用2.5%的SDBC替代基础日粮中鱼粉具有改善断奶仔猪生产性能的趋势[13]。

3.2 对免疫性能的影响

早期断奶仔猪由于机体的免疫系统尚未发育完善，免疫力较低。SDPP和SDBC中的免疫球蛋白含量较高，这些蛋白能被乳猪和早期断奶仔猪直接吸收，血液中球蛋白的含量进而增加，SDPP中的球蛋白能结合肠道中的抗原，减少了对仔猪肠黏膜的刺激，从而使仔猪免疫功能增强或稳定在较高水平，提高仔猪对疾病的抵抗力[11]。

IgG能阻止病毒和细菌破坏肠壁，从而维持肠道功能的正常。Coffey等发现喷雾干燥猪血浆和喷雾干燥牛科动物血浆均能通过提高IgG组分增强仔猪免疫力[17]。许多研究也指出SDPP能改善仔猪肠道形态和提高肠道酶活性[23,31]。

Nofrarías等研究表明SDPP可以降低血液和肠相关淋巴组织中的免疫细胞亚群的比例，降低上皮内淋巴细胞和固有层淋巴细胞的数目，改善了断奶仔猪肠道免疫状况[27]。Moretó等指出血浆蛋白通过降低炎症的负面作用而缓解炎性免疫反应[26]。Bosi等发现SDPP可降低由肠毒性大肠杆菌诱导的肠道促炎细胞因子的表达[16]。要秀兵等在日粮中添加6.0%SDPP和2.5%SDBC均不同程度提高了仔猪断奶后外周血液

T、B淋巴细胞阳性率，说明二者能够促进淋巴细胞增殖，有利于仔猪免疫能力的提高[13]。

詹黎明发现仔猪断奶后10天，饲喂血浆蛋白粉的效果优于大豆浓缩蛋白，其机理在于血浆蛋白粉可改善仔猪肠黏膜形态、降低血清皮质醇浓度，提高血清IgG、IgA、C_3水平，从而减缓应激和提高机体体液免疫[14]。血浆蛋白粉有利于仔猪母源抗体的维持和自身猪瘟抗体生成，增强疫苗的免疫保护效应，其机理在于血浆蛋白粉可激活补体C_3，提高血清IFN-γ，上调脾脏TLR3、TLR9的mRNA表达。Owusu-Asiedu等指出血浆蛋白粉含有特异性大肠杆菌抗体，能防止断奶仔猪感染内毒素大肠杆菌[28]。Ralph等（2011）指出日粮添加SDPP有利于增加断奶仔猪肠道屏障功能，减少炎症和腹泻。

3.3 影响应用效果的因素

SDPP和SDBC应用效果受到仔猪的断奶日龄、在日粮中的添加量和日粮组成的影响。SDPP用于断奶2周内仔猪效果较好，断奶后3~4周可逐渐减少用量，直至停用。Gatnau认为，饲料中血浆蛋白粉的添加量在0~8%时，仔猪的生产性能与添加量之间呈二次相关，最大值出现在6%的添加量，但添加SDPP后必须考虑补充合成的蛋氨酸，调整日粮的氨基酸平衡。Gatnau和Zimmerman观察到早期断奶仔猪采食含有6%的喷雾血浆蛋白粉日粮可获得最大日增重，但当日粮中喷雾血浆蛋白粉含量超过6%时，蛋氨酸不足可能是限制仔猪生长的主要原因[22]。Waguespack等指出为保证断奶仔猪和生长育肥猪生产性能不下降，日粮中SDBC的最大添加量取决于异亮氨酸和赖氨酸的比例，以满足机体对异亮氨酸的需要量[34]。

郑春田等将30头42日龄断奶仔猪随机分为2组，分别饲喂含6% SDBC的两种低蛋白（16%）日粮（对照组和试验组）。发现对照组

日粮虽然补充了赖氨酸、蛋氨酸、苏氨酸和色氨酸，但仔猪的生产性能仍较差[15]。试验组在对照组日粮基础上增加了0.23%合成异亮氨酸，试验组仔猪日增重、日采食量和饲料转化率均明显提高，说明异亮氨酸是仔猪高血球粉低蛋白质日粮的一个重要限制因子，合理补充异亮氨酸和其他几种氨基酸，SDBC在11～22千克体重仔猪日粮中的添加比例可提高到6%。

4 小结

由于SDPP和SDBC的特殊饲喂效果，国内逐步在猪饲料中广泛使用，但由于其价格昂贵，加工工艺复杂，而且目前市场货源紧缺，SDPP和SDBC在产品上存在质量变异大，甚至有掺假的可能性，购买时应注意鉴别。使用时应注意防潮和防霉，不得单独饲喂，与玉米、豆粕等大宗饲料原料混合使用时要充分混匀。

在北美、欧洲的法规中，SDPP归属于奶类蛋白产品同样的范畴，被认为是低风险的原料产品，可用作动物饲料原料使用。目前，部分国外的SDPP产品已经在我国农业部登记注册，准许在国内推广使用。Polo等证实，采用恰当的喷雾干燥工艺可以完全杀死血浆中的伪狂犬病毒、蓝耳病病毒等，所得产品的效果并不受到影响。经喷雾干燥所得的SDPP性质较为稳定，贮存期较长，不易感染沙门氏菌等致病细菌，也不存在有害物质残留和污染环境等副作用[30]。但安全卫生的动物血液蛋白质产品的获得，不仅取决于生产工艺的先进性和技术水平的高低，更与动物血液本身的卫生状况有关。相关部门应尽快制定血浆蛋白粉和破膜血球蛋白粉的国家标准，控制产品质量，将安全隐患降到最低。

本文由国家生猪现代产业技术体系建设专项资金和重庆市科技攻关计划项目资助。

参考文献

[1] 蔡元丽，谢幼梅.早期断奶仔猪的优质蛋白源——血浆蛋白粉[J].粮食与饲料工业，2001（12）：24-25.

[2] 陈绍孟.泌乳母猪日粮中添加大豆粉、中草药和血球蛋白对母猪及其仔猪性能的影响[J].上海畜牧兽医通讯，2004（1）：23-24.

[3] 邓莹莹，余冰，陈代文.喷雾干燥破膜血球蛋白粉替代血粉对断奶仔猪生长性能的影响[J].饲料工业，2007，28（17）：22-25.

[4] 邓莹莹，余冰，陈代文.喷雾干燥破膜血球蛋白粉替代鱼粉对断奶仔猪生长性能的影响[J].养猪，2007（4）：9-12.

[5] 丰艳平.血浆蛋白粉对断奶仔猪生长性能及机体免疫力影响的研究[D].长沙：湖南农业大学，2005.

[6] 管武太，李德发，车向荣，等.仔猪三阶段日粮中血浆蛋白粉饲用效果研究[J].中国饲料，1996（10）：18-20.

[7] 胡景威，于福满，王雅静，等.喷雾干燥血浆蛋白粉对仔猪生长性能和养分表观消化率的影响[J].饲料广角，2010（23）：16-17.

[8] 胡奇伟，王春维，过世东，等.血浆蛋白粉对断奶仔猪生长性能及血液生化指标的影响[J].粮食与饲料工业，2005（11）：35-37.

[9] 黄建成.哺乳母猪饲料中添加血球蛋白粉的效果研究[J].浙江畜牧兽医，2002（2）：3-4.

[10] 孔凡春.畜禽屠宰后血液的利用现状及前景[J].肉类工业，2011（5）：46-49.

[11] 宋华军.血浆蛋白粉生产工艺与应用效果的研究[D].武汉：华中农业大学，2003.

[12] 孙亚楠，朱建峰，牛瑞华.血球蛋白粉的质量评定方法[J].饲料与畜牧，2010（10）：17-18.

[13] 要秀兵，李清宏，王子荣.不同蛋白源对早期断奶仔猪生产性能及外周血液淋巴细胞数量的影响[J].新疆农业大学学报，2009，32（5）：18-22.

[14] 詹黎明. 饲粮蛋白来源对早期断奶仔猪生产性能和免疫功能的影响[J]. 雅安：四川农业大学，2010.

[15] 郑春田，李德发，谯仕彦. 补充异亮氨酸改善血球粉对仔猪饲用价值的研究[J]. 中国畜牧杂志，2000（3）：22-24.

[16] Bosi P, Casini L, Finamore A, et al. Spray-dried plasma improves growth performance and reduces inflammatory status of weaned pigs challenged with enterotoxigenic *Escherichia coli* K88 [J]. J Anim Sci, 2004 (82) ：1764-1772.

[17] Coffey RD, Cromwell L. Use of spray-dried animal plasma in diets for weanling pigs [J]. Pig News Inf, 2001 (22) ：39-48.

[18] Crenshaw J, Boyd D, Campbell J, et al. Lactation feed intake and postweaning estrus of sows fed spray-dried plasma [J]. J Anim Sci, 2007 (85) ：59.

[19] Crenshaw J, Mencke J, Boyd R, et al. Dietary spray-dried plasma and lactating sow feed intake [J]. J Anim Sci, 2005 (83) ：82.

[20] Campbell JM, Russell LE, Crenshaw JD, et al. Growth response of broilers to spray-dried plasma in pelleted or expanded feed processed at high temperature [J]. J Anim Sci, 2006 (84) ：2501-2508.

[21] Frugé ED, Roux ML, Lirette RD, et al. Effects of adding spray dried plasma protein (Appetein) on sow productivity during lactation [J]. J Anim Sci, 2007 (85) ：58.

[22] Gatnau R, Zimmerman DR. Determination of optimum levels of inclusion of spray-dried porcine plasma (SDPP) in diets for weanling pigs fed in practical conditions [J]. J Anim Sci, 1992 (70) ：60.

[23] Gatnau R, Cain C, Drew M, et al. Mode of action of spray-dried porcine plasma in weanling pigs [J]. J Anim Sci, 1995 (73) ：82.

[24] Pierce JL, Cromwell GL, Lindemann MD, et al. Effects of spray-dried

animal plasma and immunoglobulins on performance of early weaned pigs [J]. J Anim Sci, 2005, 83(12): 2876-2885.

[25] Kats LJ, Nelssen JL, Tokach MD, et al. The effect of spray-dried porcine plasma on growth performance in the early-weaned pig [J]. J Anim Sci, 1994 (72): 2075-2081.

[26] Moretó M, Pérez-Bosque A. Dietary plasma proteins, the intestinal immune system, and the barrier functions of the intestinal mucosa [J]. J Anim Sci, 2009, 87 (14):92-100.

[27] Nofrarías M, Manzanilla EG, Pujols J, et al. Spray-dried porcine plasma affects intestinal morphology and immune cell subsets of weaned pigs [J]. Livest Sci, 2007 (108) : 299-302.

[28] Owusu-Asiedu A., Baidoot SK., Nyachoti CM, et al. Response of early-weaned pigs to spray-dried porcine or animal plasma-based diets supplemented with egg-yolk antibodies against enterotoxigenic *Escherichia coli*[J].J Anim Sci, 2002, 80 (11): 2895-2903.

[29] Peace RM, Campbell J, Polo J, et al.Spray-dried porcine plasma influences intestinal barrier function, inflammation, and diarrhea in weaned pigs [J]. J Nutr, 2011 (141):1312 -1317.

[30] Polo J, Rodríguez C, Saborido N, et al. Functional properties of spray-dried animal plasma in canned pet food [J]. Anim Feed Sci Tech, 2005, (122) : 331-343.

[31] Spencer JD, Touchette KJ, Liu H, et al. Effect of spray dried plasma and fructooligosaccharide on nursery performance and small intestinal morphology of weaned pigs [J]. J Anim Sci, 1997 (75) :199.

[32] Torrallardona D, Conde MR, Badiola I, et al. Effect of fishmeal

replacement with spray—dried animal plasma and colistin on intestinal structure, intestinal microbiology, and performance of weanling pigs challenged with *Escherichia coli* K99 [J]. J Anim Sci, 2003（81）：1220—1226.

[33] Zhang Q, Veum TL, Bollinger D, Spray dried animal blood cells in diets for weanling pigs [J]. J Anim Sci, 1999 (77):62.

[34] Gatnau R. Spray dried porcine plasma as a source of protein and immunoglubulins for weanling pigs [D]. Iowa：Iowa State University, 1990.

[35] Waguespack AM, Dean DW, Bidner TD. Effect of increasing dried blood cells in corn—soybean meal diets on growth performance of weanling and growing pigs [J]. Prof Anim Scientist, 2011, 27 (1):65—72.

附录5　重庆市饲料重金属污染的调查研究

张　毅[1]　张全生[2]

([1]重庆市饲料兽药检测所，重庆　401120，[2]重庆市华牧集团，重庆　400020)

摘　要： 饲料安全对畜牧业生产十分重要，它是保障动物源性食品安全的基础，其中防止重金属污染是保证饲料安全的重要内容；本文对重庆市部分地区饲料厂、规模养殖场进行随机抽样检查，检测饲料中的重金属污染情况，结果表明该地区饲料重金属污染属于微风险，但也不能掉以轻心，必须加强监管，确保食品安全。

关键词： 重庆市，饲料，重金属污染；调查

中图分类号： S816.17，X56

文献标识码： A

文章编号： 1673-4645(2015)04-0034-03

DOI： 10.16174/j.cnki.115435.2015.04.010

　　随着我国社会经济的全面发展，各方面对饲料（食品）安全的要求不断提高。无论是维护饲料生产的市场秩序，还是保障饲料产品的质量安全，法制都是基础，特别是《中华人民共和国农产品质量安全法》和《中华人民共和国食品安全法》相继实施，将国内外饲料（食品）安全管理的新理念制度化，要求饲料行业的管理从立法层面进行对接和调整。饲料安全研究包括饲料的生产加工，经营销售，搭配食

收稿日期：2015-03-16

用以及产销过程中的运输、贮存等诸多领域，本研究的主要目的是确保动物源性食品安全，降低事故隐患，提高人民群众生活质量，最大限度地减少饲料中毒等恶性事件的发生。

我国是一个农业大国，也是一个饲料工业大国，饲料工业从20世纪80年代起步到现在，短短三十年就成为世界第二大饲料生产国，成就了具有中国特色的饲料工业体系，其发展也大大促进了养殖业水平的提升。目前，我国的饲料工业已步入一个平稳的发展阶段，饲料生产已由数量消耗型向质量节约型转变，经营上也从粗放型向集约型转变。最近十年，饲料工业的年均复合增长率达到8.9%，其中猪饲料的年均复合生长率为9.8%。2012年全国商品饲料总产量达到1.94亿吨，同比增长7.7%，其中猪饲料的产量为7 722万吨，同比增长13.1%[1]。饲料的卫生安全关系到养殖业的高效生产和动物产品的安全卫生，间接影响到人类的健康和安全。有毒有害物质重金属对动物和人类都具有多种毒性，环境中的重金属可以通过生物链蓄积，污染饲料原料及其加工产品，成为养殖动物和人类的安全隐患，因而很有必要对饲料中的重金属污染状况进行调查和研究。

1 饲料及有毒有害重金属的概念

饲料就是能够被动物摄取、消化、吸收和利用，可促进动物生长或修补组织、调节动物生理过程的物质，它是动物赖以生存和生产的物质基础。饲料按营养成分和用途可分类为全价配合饲料、混合饲料、浓缩饲料、精料混合料、预混合饲料等。这些饲料中的各种营养物质为维持动物正常生命活动和最佳生产性能所必需。饲料在生长（农作物原料）与生产、加工、贮存、运输等过程中可能出现某些有毒有害物质，它们会给动物带来多种危害和不良影响，轻则降低饲料的营养价值、影响动物的生长和生产性能，重则引起动物急性或慢性中毒，甚至死亡。

有毒有害物质包括饲料源性和非饲料源性的属类，有毒重金属就属于非饲料源性属类，包括铅、砷、汞、镉、铬、钼等多种生物性毒性较强的元素[2]；另外必需微量元素如铜、锌、铁、锰摄入过多时，也会有类似重金属的毒性作用。重金属包括的元素种类颇多，来源广泛，随处可见，化学元素周期表中，相对密度大于5，相对原子质量大于55的有铅（Pb）、镉（Cd）、汞（Hg）、铬（Cr）、银（Ag）等54种重金属[3,4]。对于饲料卫生而言，重金属通常是指铅（Pb）、镉（Cd）、汞（Hg）、铬（Cr）等，微量元素铜（Cu）、锌（Zn）虽然不是重金属，而被认为是畜禽生存和生产必需的金属元素，有一定的促生长和维持健康作用，畜禽对其也有较高的耐受量，但超标时也会产生类似重金属的生理危害，无机元素砷（As）亦是如此[5]，故此，上述元素都被称为有毒有害重金属。因全国各地各种饲料的特点和加工工艺不尽相同，在我国的饲料质量监督体系里，主要是从铅、镉、砷、铜、锌五种检测项目上考察饲料的有毒有害重金属污染情况。

2　重庆市饲料中重金属污染调查、检测情况

在重庆饲料检测中心和浙江大学饲料科学研究所的支持下，笔者对重庆市辖区内部分区县不同规模饲料企业和养殖户的生产、经营、使用环节抽取各种饲料样品，进行重金属含量检测，对饲料中铅、镉、砷、铜、锌等五种重金属的污染状况进行了调研。

2.1　样品的采集

样品的采集抽样对象主要是重庆市辖区内各区县的规模化饲料生产企业和养殖户，其生产、经营和使用环节的样品中有代表性的妊娠猪、仔猪、生长肥育猪、浓缩饲料、微量元素预混料、复合预混料添加剂等。所有样品均装入棕色磨口瓶，贴上标签，放入温度和湿度稳定的样

品保管室，由重庆饲料检测中心检测，并从重庆市规模养猪场提供的样品中随机抽取8个样品寄浙江大学饲料科学研究所检测中心检测。

2.2 检测结果

本次抽检检测了生产、经营、使用环节的饲料产品257批次，合格254批次，产品合格率为98.83%。其中重金属铅、镉、砷、铜、锌的实测值统计结果见表1。

表1　不同饲料中重金属质量分数及评价

项　目	铅	镉	砷	铜	锌
样本数（个）	48	26	16	31	31
范围值（毫克／千克）	0.41～16.04	0.04～0.66	0.02～2.01	21～3.5×10^4	51～4.4×10^4
平均值（毫克／千克）	8.23	0.35	1.02	1.75×10^4	2.20×10^4
超标数（个）	0	0	0	0	0
合格率（%）	100	100	100	100	100

浙江大学饲料科学研究所检测重金属的结果见表2，其检验结论为：从抽取的8个样品8个指标看，大部分合格或在检验误差值内，部分超标。

表2　浙江大学饲料科学研究所饲料中重金属检验结果

（毫克／千克）

项　目	母猪料	乳猪料	肥育猪	公猪料	妊娠料	哺乳料	乳猪料	大猪料
铁	330.80	276.50	343.90	310.20	318.70	289.50	356.90	335.50
铜	133.10	17.50	136.00	25.70	31.40	18.40	134.30	53.60
锰	82.70	120.10	56.90	83.20	85.00	83.30	44.90	59.50
锌	137.00	121.70	170.80	133.40	137.40	109.70	2848.40	139.10

（续）

项　目	母猪料	乳猪料	肥育猪	公猪料	妊娠料	哺乳料	乳猪料	大猪料
铅	2.00	1.12	1.22	1.26	1.02	1.06	2.00	1.12
汞	0.06	0.04	0.05	0.06	0.08	0.05	0.06	0.04
砷	0.13	0.12	0.15	0.09	0.18	0.18	0.13	0.12
镉	0.56	0.40	0.71	0.64	0.56	0.49	0.56	0.40

注：检验日期为2014年5月17日。

2.2.1 生产环节检测结果

共抽检33批次样品，合格33批次，产品合格率100%；其中配合饲料20批次，浓缩饲料12批次，添加剂预混合饲料1批次。

2.2.2 经营环节检测结果

共抽检50批次产品，合格49批次，合格率98%；其中配合饲料13批次，合格12批次，合格率92.31%。浓缩饲料8批次，宠物饲料26批次，添加剂预混合饲料3批次，全部合格，合格率100%。

2.2.3 养殖场（户）环节检测结果

共抽检148批次猪、肉牛、奶牛饲料（含自配料）及原料，合格146批次，合格率98.65%；其中添加剂预混合饲料10批次，合格8批次，合格率80%；奶牛饲料（含精料补充料、自配料）39批次，肉牛饲料（含自配料）26批次，猪配合饲料（含自配料）41批次，禽配合饲料（含自配料）26批次，植物性蛋白饲料原料5批次，浓缩饲料1批次，全部合格，合格率100%。

2.2.4 饲料厂原料使用环节检测结果

共抽检26批次样品，全部合格，合格率100%；其中植物性蛋白饲料原料15批次，动物源性饲料8批次，维生素添加剂2批次，添加剂预混合饲料1批次。

2.2.5 配合饲料中铜、锌专项检测结果

2015年对猪、禽和水产配合饲料增加铜、锌指标的检测，在生产、经营环节共抽检猪、禽和水产配合饲料21批次，均未超过农业部第1224号公告要求的最高限量。

3 小结

这次检测重庆市辖区内部分区县152个不同饲料中重金属铅、镉、砷、铜、锌含量的结果表明：饲料中铅（Pb）的质量分数为0.41～16.04毫克／千克；镉（Cd）的质量分数为0.04～0.66毫克／千克；砷（As）的质量分数为0.02～2.01毫克／千克；铜（Cu）的质量分数为21～3.5×10^{4}毫克／千克；锌（Zn）的质量分数为51～4.4×10^{4}毫克／千克（表1），均符合《饲料卫生标准》（GB 13078—2001）和农业部第1224号公告要求的规定限量。这表明重庆市饲料生产企业和养殖户生产、经营、使用环节的饲料重金属总体含量不高，全都数据结果都在合理范围之内，说明在饲料方面，重庆市重金属污染的控制有力，污染状况处于微风险，饲料产品的质量安全得到了保障。但送浙江大学饲料科学研究所的8个抽检样品中，仍然有铜、镉等部分数据超标，说明我们对此项工作千万不能掉以轻心，必须加强监管，保障饲料这个动物源性食品基础的安全。

此次重庆市饲料中重金属含量检测基本合格，一是得益于相关法律如《饲料和饲料添加剂管理条例》《饲料药物添加剂使用规范》《饲料质量安全管理规范》《饲料卫生标准》《中华人民共和国食品安全法》《中华人民共和国畜牧法》等的实施。2001年国家正式启动了饲料安全工程，目的是建立饲料安全保障体系，依法加大对饲料生产部门中生产、经营和使用环节的监督管理[6,7]。重庆市农业委员会对此十分重视，已颁布了《重庆市饲料和饲料添加剂管理条例》等地方法规，对饲料的质量安全提出了更高要求，以保证饲料产品更加科学、安全、有效和环保。二是得益于各级有关部门的强力监管、通力合作，使饲料安全制度合理，检测能力过关，安全意识和法律观念增强。三是饲料企业已实实在在地感受到企业诚信的极端重要，进一步增强了社会责任感。

饲料的卫生和安全是畜禽养殖业、畜产品深加工业持续健康发展的物质基础，是提供安全和营养丰富的动物源性食品的基本要求，是维护人与生态环境和谐发展的重要环节。要使饲料重金属污染状况长期维持在合格水平，需要饲料管理部门、饲料生产企业、养殖户等对原料、饲料质量严格管理，并加强对饲料及其原料的监督检测。提高饲料安全性是一项长期艰巨的任务，确保饲料产品的安全有效供给，对促进养殖业生产和经济效益提升，确保给人民群众提供健康合格的食品，使饲料工业"十二五"计划的目标逐步实现有重要意义。

参考文献

[1] 闫奎友,陆泳霖.中国猪饲料市场变化及2014年展望[J].饲料广角,2004(2):42-47.

[2] 王成章,王恬.饲料学[M].北京:中国农业出版社,2003.

[3] 于炎湖.饲料中重金属元素污染的来源、危害及其预防养殖与饲料[J].养殖与饲料,2003(2):3-5.

[4] 郭洁.张海荣饲料添加剂中重金属的污染及其防治措施[J].畜牧兽医杂志,2010(2):35-38.

[5] 袁涛,管恩平,何桂华,等.砷制剂作为畜禽促生长剂的作用及其危害分析[J].中国家禽,2010,32(22):51-53.

[6] 丁小玲.饲料安全质量存在问题与对策[J].安徽农业科学,2002,30(3):354-356.

[7] 何洪政.饲料安全存在的问题及其应对策略[J].饲料广角,2012(9):22-24.

附录6 农民儿子的民富国强梦
——看《老农民》有感

张全生

（重庆华牧集团，重庆 401120）

摘 要：《老农民》这部电视剧是山东影视集团所制作的一部农村剧。这部电视剧相对于当前的很多肥皂剧来说要更加有血有肉，更有思想，更能够让人们对一直困扰着中国的"三农"问题有一个深刻的认识。文中主要就观《老农民》之后所产生的一些思考进行简单的陈述。

关键词：老农民；"三农"问题；土地

中图分类号：[F328]

文献标识码：A

文章编号：1671—6035（2015）05—0256—01

最近将电视连续剧《老农民》60集一口气看完，感觉是一部比较有深刻思想和有血肉内容的电视剧。故事从1948年拉开序幕，以黄河岸边一个小农村麦香村为背景主线，围绕"三农"时代变迁的前途命运，反映了中国农业乃至整个中国的国民经济的60年发展变化。山东黄河岸边的麦香村，随着新中国的成立，以牛大胆为首的贫农都分到了土地，而从北平归来的地主儿子马仁礼则一夜之间也变成一样的"贫农"。牛大胆和马仁礼一个胆大，一个有文化，在他们的带领下，麦香村村民用勤劳和智慧战胜了大自然天灾和大政治人祸，几十年的风风雨雨，使这个人群心中充满生活的希望并在那片炽热土地繁衍生息，为建设社会主义新中国作出贡献。新中国成立后，中国共产党为了建设一个美好的社会主义新中国，不断地探索试验，寻找治国的方针和道路，却仍然几次反复折腾害苦了我们几亿农民，朴素理信的农民一辈一辈为了吃上"肉蛋饺子"而苦苦挣扎，故事真实地反映这几十年农民命运的历史，这就是中国"三农"问题的缩影，故事中几个农民、干部、书记……人物鲜活、故事生动、真实感人，引人深思。尽管剧中有不少的瑕疵和遗漏，但并不影响他是一部小人物大历史、低基层高政治的电视剧。

　　看了《老农民》产生了深刻感受和历历在目的回忆，土地改革、大炼钢铁都是父母时常的讲述，后来的日子却是自己亲身的经历，现在想起来才能深深地懂得了那个年代。这部电视剧多少对中国现实社会经济有一定启发。

　　我国的历史上不知进行过多少次"土地改革"，土地是农民的命根子，他们辈辈代代就依附这黄土上生存，是土地养育了人类。在中国几千年农耕文明的国度里，农民是伟大的，是主人翁，但农民生存状态一直以来却是最差的，王朝政治腐败，农民不堪忍受，发生了多次农民起义，就想争得田亩家业和贵贱贫富均等，但历朝历代的过去，农民还是那样贫穷落后，这是中国农民几千年来生存的真实状况，而到了如今"三农"问题也仍然是中国经济的首问题。

　　到了20世纪90年代中期，农民负担又开始逐渐加重，湖北省一位乡党委书记李昌平向当时的总理上书直言"农民真苦，农村真穷，农业真危险"。农村与城市的差距没有得到有效的缩小，农民问题、农村经济问题仍然是摆在党和政府重要难题。在一定时间内，很多地方政府教条主义，争取政绩，意欲用"工业富市""工业富县"来取代部分农村经济的发展，大搞"工业园区""开发园区"结果是大量生态环境遭到破坏，土地又从农民手中失去，官商获利，产能过剩，资源浪费，并没

有真正解决农民的出路，"三农"问题再次突显。被提高到"全党工作的重中之重"，是国家经济工作的重心和中心，从2004年起，每年的中共中央1号文件就是关于这个事情。不可争议，中国经济问题，最重要的就是"三农"问题，"三农"工作是党和政府全部工作的重中之重。

1982—1986年，中央连续5年发布以农业、农村和农民为主题的五个1号文件，农村改革如火如荼。18年后，自2004年起，中央1号文件连续12年聚焦"三农"，2015年2月，中共中央、国务院再次发布了《关于加大改革创新力度加快农业现代化建设的若干意见》，这是又一个关于农业的中央1号文件，又一次重点强调"三农"，文件全文约12 000字，一共涉及五大方面，包括：（一）围绕建设现代农业，加快转变农业发展方式；（二）围绕促进农民增收，加大惠农政策力度；（三）围绕城乡发展一体化，深入推进新农村建设；（四）围绕增添农村发展活力，全面深化农村改革；（五）围绕做好"三农"工作，加强农村法治建设。文件中提出来五个"重大"：重大课题我国经济发展进入新常态，正从高速增长转向中高速增长，如何在经济增速放缓背景下继续强化农业基础地位、促进农民持续增收；重大考验国内农业生产成本快速攀升，大宗农产品价格普遍高于国际市场，如何在"双重挤压"下创新农业支持保护政策、提高农业竞争力；重大挑战我国农业资源短缺，开发过度、污染加重，如何在资源环境硬约束下保障农产品有效供给和质量安全、提升农业可持续发展能力；重大问题城乡资源要素流动加速，城乡互动联系增强，如何在城镇化深入发展背景下加快新农村建设步伐、实现城乡共同繁荣；重大任务破解这些难题，是今后一个时期"三农"工作的重大任务。文件中反映三个首次：首次提出要把追求产量为主，转到数量、质量、效益并重上来；首次提及要推进农村一、二、三产业融合发展。通过延长农业产业链、提高农业附加值促进农民增收；首次引入了农村法治建设相关内容，提出"完善法律法规，加强对农村集体资产所有权、农户土地承包经营权和农民财产权的保护"。在中央依法治国的大背景下，这个文件的产生，又是中国农民的福音。

"三农"问题，主要是农民问题，农民增收问题。当前，我国经济发展进入新常态，正从高速增长转向中高速增长，如何在经济增速放缓背景下继续强化农业基础地位、促进农民持续增收，是必须破解的一个重大课题。中国要强，农业必须强，中国要富，农民必须富，努力在经济发展新常态下保持城乡居民收入差距持续缩小的势头，实现全面小康社会的宏伟目标，最重要最艰巨的任务在农村。我国农村人口多，人均耕地减少，科技在进步，几亿农民就围绕那有限的土地转悠显然不可能，逐步就有了两亿多农民工进城，农民的致富之转移到传统农业之外，这酸甜苦辣的变迁，他们是社会的主体和社会的中坚力量。

我国的农民长期贫困重要原因是教育，文化素质的提高和农业科技的推广迫在眉睫，只要提高农民综合素质，其他各方面就可实现。从目前看，我国农业中畜禽、作物良种十分缺乏，生产水平低，因此要加快动植物的良种研究，培育高产优质品种加以推广应用；农田水利建设要加强、农业设备设施要换档升级；加快农业技术培训，培养出像牛大胆一样为民为公，又比牛大胆有文化科技知识的大批新型农民；不断探索改革生产组织模式，适应现代科技农业的发展；同时从流通体制、农业税、科技扶持、劳动力流动等各方面深化改革，从加快农村经济发展、增加农民收入、提高生产效益三个方面着力，加快向现代化农业迈进，才能改变我国几千年来农业贫苦宿命，才能真正使我民富国强。

主要参考文献

卜晨曦，2016．试论民俗文化中的"猪"元素表现[J]．教育现代化：电子版(16)：1．

郭晔旻，2015．中国人为何最爱吃猪肉[EB]．百度贴吧．

国家畜禽遗传资源委员会，2011．中国畜禽遗传资源·猪志[M]．北京：中国农业出版社．

何顺斌，2017．中国猪文化与国人健康(乙篇)[J]．中国民族博览(5)：33-36．

黎虎，2000．汉唐饮食文化史[J]．中国经济史研究(4)：139-142．

黎虎，1998．汉唐饮食文化史[M]．北京：北京师范大学出版社．

刘洁，兰玉英，2011．从神坛走向世俗的猪文化[J]．中华文化论坛(4)：127-131．

刘朴兵，2007．唐宋饮食文化比较研究[D]．武汉：华中师范大学．

卢文静，廖新悌，2012．中国猪文化与养猪业可持续发展[J]．猪业科学，29(10)：130-132．

万熙卿，芦惟本，2007．中国福利养猪[M]．北京：中国农业大学出版社．

王利华，2000．中古华北饮食文化的变迁[M]．北京：中国社会科学出版社．

王元鹿，1995．猪与古代文化[J]．中文自学指导(1)：10-15．

啸夜雨，2016．猪肉在中国饮食文化中的进化史[EB]．简书．

谢成侠，1992．中国猪种的起源和进化史[J]．中国农史(2)：84-95．

徐旺生，2009．中国养猪史[M]．北京：中国农业出版社．

叶舒宪，2008．亥日人君[M]．西安：陕西人民出版社．

余云华，2006．猪文化与人生[M]．沈阳：辽海出版社．

喻传洲，2010．猪缘[J]．猪业科学(10)．

张全生，2010．现代规模养猪[M]．北京：中国农业出版社．

张伟力，何小雷，黄龙，2012．中国猪文化经典对养猪业的启迪[J]．猪业科学，29(9)：122-125．

张伟力，张晓东，2018．中国四大经典文学著作中的猪文化元素[J]．养猪(2):1-3．

赵大川，2009．中国养猪业图史[M]．杭州：杭州出版社．

后 记

今天收到张全生先生所著《人与猪文化经济》书稿时，我一口气浏览了全部，格外激动，这本书一下子把我带回到20年前。20年前的一个初秋下午，重庆还是很热，我冒昧地来到张先生（时任重庆市种猪场场长）办公室，推广我开发的《工厂化养猪信息管理系统》（软件），我与张先生并不熟悉，只知道"重庆市种猪场"和"重庆市种畜场"是国家重点种猪场。我简单介绍来历后开始演示我的猪场管理系统软件。张先生把当时刚刚毕业的梅学华等一些大学生叫来看我演示。他说，猪场数据管理很重要，尤其是育种测定数据，猪场人要做到心中有数。他欣然决定购买一套软件。

20年前与张先生一见如故，彼此成为好朋友，经常能够在全国养猪会议上见到，相互拉家常、谈业务，相处融洽。今天看到他的著作，是意外之喜。我确实没有想到他如此有心，在几十年日理万机的繁忙工作之余还留心、留意搜集到这么多宝贵资料。一般来说，猪场场长或养猪集团老总们几乎每天都是忙忙碌碌的，遇到行情不好或疫情肆虐时更加忙碌，烦恼不断。猪不能一天不吃，员工要"房子""票子"和"位子"，真是不好干！

看到张先生的著作，我真是心潮澎湃，久久舍不得放下书稿。他不仅会养猪，是一位优秀的企业家，还善于学习，总结养猪技术，丰富养猪史料资源；他不仅具有文艺细胞，会用萨克斯给我们演奏，还具有很深的文字功底，经常发表论文、著作。

张先生是一位从贵州大山里走出来的大学生，他幸运地赶上了粉碎"四人帮"后恢复高考的好机会，他遇到了中国改革开放的好机遇。他从一位血气方刚的大学生，到一位稳重、睿智的企业家；他从一位贵州农家子弟，到重庆养猪集团的高级管理者，几十年的沧桑岁月，记录了他养猪的人生轨迹。他工作扎实肯干、平易近人、善于沟通与管理，打造了一支优秀的养猪团队。

手捧张先生的《人与猪文化经济》，我想到千千万万的养猪企业家，他们放下身段，走进基层，深入生产第一线，与农民、工人打成一片；他们善于总结经验，用最简单、朴实的语言教会饲养员、大学生养猪；他们将养猪理论与实践紧密结合，用自己的知识解决养猪生产最后一公里难题；他们善于做思想工作，用最有效的沟通方式化解矛盾，调动一切积极性，为养猪生产无私奉献；他们有极大的耐力对待瞬息万变的市场，他们有防患于未然的本领预防疫情的发生。中国养猪产业发展要感谢像张先生这样的一批优秀企业家，我们要向他们学习、向他们致敬！

中国种猪信息网主编《猪业科学》杂志副主编　孙德林

2018 年 8 月 25 日于 北京

QUIN 琪金 SELECT BRAND

选择品牌 QUALITY 选择品质

10Y 10 年专注 土猪肉

现有员工 1800 名

门店网点 600 个

年销售额 20 亿元

多项政府 荣誉资质

重庆琪金食品集团有限公司

◀ EXHIBITION

琪金人十年如一日，高扬食品安全大旗，誓言让每个中国人吃上优质、放心的土猪肉。琪金土猪肉标准，被国家标准化管理委员会"企业标准信息公共服务平台"收录，其中多项指标优于国家标准。

琪金集团2018年8月28日，与重庆荣昌区签订战略合作协议，依托琪金集团养殖、屠宰、物流、销售、研发全产业链优势，发挥荣昌区是全国首个以农牧为特色的国家高新区，国家现代农业示范区，国家生猪大数据中心等地理、政策、产业、科研优势，在全国新开1000个"琪金·荣昌猪"专卖店，将列入中国三大名猪、世界八大名猪，拥有400年历史，以27.7亿元位居全国地方猪品牌价值榜首的荣昌猪，打造成为中国和世界名牌，将品牌优势转化为市场优势，为消费者高品质生活提供绿色保障。

◀ PRODUCTION
质检实验室严格把关产品质量

铸就国家品牌　引领良品生活

公司简介 Introduction

　　重庆农投肉食品有限公司隶属于重庆农投集团，是专业从事饲料与兽药生产、生猪育种研发、扩繁与合作养殖、屠宰与肉类食品加工的生猪产业一体化国家级重点龙头企业、重庆市肉类行业协会会长单位和重庆主要商品（猪肉）保供企业。

　　公司占地3350余亩，资产7亿元，生猪加工150万头，建有现代示范养殖10万头规模场和合作养殖60余万头生猪基地；培育了具有自主知识产权和核心基因技术的"渝荣1号"配套系种猪；承担着地方种猪的保种改良、国家生猪活体战略贮备和优质安全生鲜猪肉及肉食品保供。公司养殖总量、屠宰总量、罐头食品加工等位居重庆区域第一，供给重庆主城40%以上的优质安全生鲜猪肉，罐头食品出口港澳、东南亚、欧美等地区和国家。

　　公司生猪全产业链生产经营坚持食品安全主线，崇尚产品质量零缺陷的质量理念，生产过程控制实施了GMP、GAP、ISO9001、HACCP等质量管理，实施了农业部农垦总局和重庆市商务委农产品质量追溯管理。公司正立足集团战略，秉承稳健经营，创新发展和开放合作的理念，建设西南第一、西部第三的安全生鲜猪肉第一供应平台，维护消费者开心吃肉和从田间到餐桌的肉类食品安全。

重庆海林生猪发展有限公司

开辟种养结合希望之路

重庆海林生猪发展有限公司成立于2007年2月，是集涪陵黑猪培育、商品猪生产、屠宰、加工、科研、销售服务为一体的重庆市级农业产业化经营重点龙头企业。公司注册资本5200万元，2015年公司资产总额5289万元，其中净资产额4148万元，实现销售收入8500万元、净利润389万元；银行信用等级为"A+"。

2006年公司被重庆市农业局、农业部分别授予"农业科技示范场"称号；2009年公司法定代表人李海林荣获重庆市首届"养猪状元"称号；自2009年公司被命名为重庆市农业产业化经营重点龙头企业；2010年公司生产的生猪通过农业部无公害农产品认证；2012年公司申报的"涪陵黑猪"地理商标获得国家工商总局认证；2015年公司生产的"海聆业"牌腌腊制品通过国家QS认证；2018年8月"涪陵黑猪"品牌产品被评为"重庆市名牌农产品"。截至目前公司独创发明的"可移动式猪舍"、"种养还原模式"等猪场设计和生产新工艺成功获批国家发明及实用技术专利18项。

公司致力于创新推行生猪产加销全产业链经营模式。目前，已建成重庆市盆周山地资源保种场1个，涪陵黑猪父母代扩繁场及生猪标准化场12个，圈舍总面积2.4万平方米，存栏种猪1500头，年生产商品猪3万头以上；生态饲料厂1个、生猪屠宰厂1个、肉品精加工厂1个。在涪陵城区、重庆主城区和周边区县设立涪陵黑猪肉专卖店130个。

沙地种养循环——解决全球性环保难题

可移动式猪舍——有限土地高效利用

无公害农产品认证及"涪陵黑猪"地理商标

深加工产品及相关产业

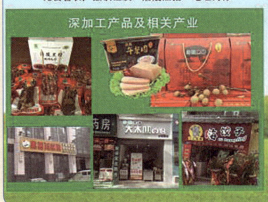

冷鲜产品及超市和专卖店

地址：重庆市涪陵区南沱镇关东村
电话：023-72736096
传真：023-72735632
电子邮箱：315394363@qq.com

古昌土猪肉

选古昌，肉更香，400年传统喂养

荣昌土猪肉连锁开创者与领军者
中国土猪数荣昌 荣昌土猪数古昌

www.tuzhurou.com
400-000-1156

图书在版编目（CIP）数据

人与猪文化经济/张全生著．—北京：中国农业
出版社，2019.1
ISBN 978-7-109-24810-6

Ⅰ．①人… Ⅱ．①张… Ⅲ．①猪-文化研究
Ⅳ．① Q959.842

中国版本图书馆 CIP 数据核字（2018）第 244038 号

中国农业出版社出版
（北京市朝阳区麦子店街18号楼）
（邮政编码　100125）
责任编辑　刘　伟

北京通州皇家印刷厂印刷　新华书店北京发行所发行
2019年1月第1版　2019年1月北京第1次印刷

开本：700mm×1000mm　1/16　印张：12.25
字数：280千字
定价：98.00元
（凡本版图书出现印刷、装订错误，请向出版社发行部调换）